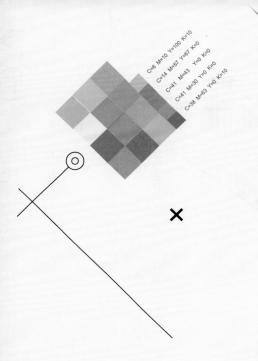

C=6 M=10 Y=100 K=10
C=14 M=57 Y=67 K=0
C=41 M=43 Y=0 K=0
C=41 M=30 Y=0 K=0
C=38 M=63 Y=0 K=10

写给设计师的书

APP UI

设计手册

孙 芳 编著

U0286773

清华大学出版社
北京

内容简介

本书是一本全面介绍 APP UI 设计的图书，其突出特点是知识易懂、案例趣味、动手实践、发散思维。

本书从学习 APP UI 设计的基础知识入手，由浅入深地为读者呈现一个个精彩实用的知识、技巧。本书共分 7 章，内容分别为 APP UI 设计的原理、APP UI 设计的基础知识、APP UI 设计的基础色、APP UI 设计的元素、APP UI 设计的行业分类、APP UI 设计的风格、APP UI 设计秘籍。同时，在本书第 4~6 章的每章节后面还特意安排了大型的"设计实例"，为读者详细分析一个完整的综合设计思路。并且在多个章节中安排了案例解析、设计技巧、配色方案、设计欣赏、设计秘籍等经典模块，丰富本书结构的同时，也增强了实用性。

本书内容丰富、案例精彩、版式设计新颖，适合 APP UI 设计师、平面设计师、广告设计师、网页设计师、初级读者学习使用，也可以作为大中专院校平面设计专业及平面设计培训机构的教材。此外，还非常适合喜爱平面设计和 APP UI 设计的读者参考使用。

本书封面贴有清华大学出版社防伪标签，无标签者不得销售。

图书在版编目 (CIP) 数据

APP UI 设计手册 / 孙芳编著. —北京：清华大学出版社，2018（2022.1 重印）
（写给设计师的书）
ISBN 978-7-302-50170-1

Ⅰ. ① A…　Ⅱ. ①孙…　Ⅲ. ①移动电话机—应用程序—程序设计—手册　Ⅳ. ① TN929.53-62

中国版本图书馆 CIP 数据核字（2018）第 112381 号

责任编辑：韩宜波
封面设计：杨玉兰
责任校对：王明明
责任印制：沈　露

出版发行：清华大学出版社
　　　　网　　　址：http://www.tup.com.cn，http://www.wqbook.com
　　　　地　　　址：北京清华大学学研大厦 A 座　　　　邮　　编：100084
　　　　社 总 机：010-62770175　　　　　　　　　　　邮　　购：010-62786544
　　　　投稿与读者服务：010-62776969，c-service@tup.tsinghua.edu.cn
　　　　质量反馈：010-62772015，zhiliang@tup.tsinghua.edu.cn
印 装 者：涿州汇美亿浓印刷有限公司
经　　销：全国新华书店
开　　本：190mm×260mm　　　印　　张：13　　　字　　数：310 千字
版　　次：2018 年 7 月第 1 版　　　印　　次：2022 年 1 月第 4 次印刷
定　　价：69.80 元

产品编号：076677-01

本书是笔者对从事 APP UI 设计工作多年的一个总结，是让读者少走弯路寻找设计捷径的实用手册。书中包含了 APP UI 设计必学的基础知识及经典技巧。本书不仅有理论和精彩的案例赏析，还有大量的模块启发你的大脑，锻炼你的设计能力。

希望读者看完本书后，不只会说："我看完了，挺好的，作品好看，分析也挺好的。"这不是笔者编写本书的目的。我们希望读者会说："本书给我更多的是思路的启发，让我的思维更开阔，学会了设计的举一反三，知识通过吸收消化变成自己的。"这是笔者编写本书的初衷。

本书共分 7 章，具体安排如下

第 1 章 APP UI 设计的原理，介绍 APP UI 设计的概念，用户体验，点、线、面，尺寸与规则，设计的原则，设计的法则，是最简单、最基础的原理部分。

第 2 章 APP UI 设计的基础知识，其中包括 UI 与色彩、APP UI 设计的布局。

第 3 章 APP UI 设计的基础色，从红、橙、黄、绿、青、蓝、紫、黑、白、灰 10 种颜色，逐一分析讲解每种色彩在 APP UI 设计中的应用规律。

第 4 章 APP UI 设计的元素，其中包括标志、图案、色彩、字体、导航栏、主视图、工具栏。

第 5 章 APP UI 设计的行业分类，其中包括 9 种不同行业的 APP UI 设计的详解。

第 6 章 APP UI 设计的风格，其中包括 12 种不同的视觉印象。

第 7 章 APP UI 设计秘籍，精选 14 个设计秘籍，让读者轻松愉快地学习完最后的部分。本章也是对前面章节知识点的巩固和理解，需要读者动脑筋去思考。

本书特色如下

◎ 轻鉴赏，侧重实践。鉴赏类书籍，看完自己还是设计不好；本书则不同，增加了多个动手的模块，可以让读者边看边学边练。

◎ 章节合理。第 1~3 章主要讲解 APP UI 设计的基本知识，第 4~6 章介绍 APP UI 设计的元素、行业分类、风格，最后一章以轻松的方式介绍 14 个设计秘籍。

◎ 针对性强。由设计师编写，写给设计师看，而且知道读者的需求。

◎ 模块丰富。案例解析、设计技巧、配色方案、设计欣赏、设计秘籍在本书都能找到，全方位地满足读者的所有需求。

◎ 本书是本系列图书中的一本。在本系列图书中读者不仅能系统地学习 APP UI 设计，而且还有更多设计专业的图书供读者选择阅读。

本书希望通过对知识的归纳总结、趣味的模块讲解，开阔读者的思路，避免一味地照搬书本内容，推动读者多做尝试、多理解，增加动脑、动手的能力。希望通过本书能激发读者的学习兴趣，开启设计的大门，帮助您迈出第一步，圆您一个设计师的梦！

本书由孙芳编著，其他参与本书编写的人员还有柳美余、苏晴、郑鹊、李木子、矫雪、胡娟、马鑫铭、王萍、董辅川、杨建超、马啸、孙雅娜、李路、于燕香、孙芳、丁仁雯、张建霞、马扬、王铁成、崔英迪、高歌。

由于编者水平有限，书中难免存在错误和不妥之处，敬请广大读者批评和指正。

编　者

目录

第1章 P/01 CHAPTER1 APP UI 设计的原理

第2章 P/11 CHAPTER2 APP UI 设计的基础知识

第3章 P/20 CHAPTER3 APP UI 设计的基础色

第4章
CHAPTER4
P/59
APP UI 设计的元素

第5章
CHAPTER5
P/92
APP UI 设计的行业分类

第6章
CHAPTER6
P/133
APP UI 设计的风格

第7章 CHAPTER7 P/186
APP UI 设计秘籍

第1章 APP UI 设计的原理

UI 的全称为 User Interface，直译就是用户界面，通常理解为界面的外观设计，实际上还包括用户与界面之间的交互关系。我们可以把 UI 设计定义为软件的人机交互、操作逻辑、界面美观的整体设计。

一个优秀的设计作品，需要符合以下几个设计标准：产品的有效性、产品的使用效率和用户主观满意度。延伸开来，还包括产品的易学程度、对用户的吸引程度以及用户在体验产品前后的整体心理感受等。

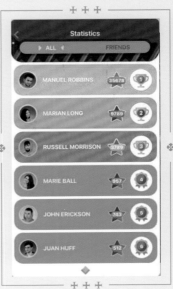

1.1 APP UI 设计的概念

　　APP UI 设计是指对移动端的人机交互、操作逻辑、界面美观的整体设计，通过互联网链接的 UI 设计被称为虚拟 UI。

　　UI 设计主要包括图形设计、交互设计、用户测试。应用的外观与内在通过图形设计来体现，以应用中的操作过程、与用户的沟通、吸引用户继续使用为交互设计，在一个应用 UI 实际完成之后，要投放到市场上进行测试，再通过测试反馈的结果进行相应的改正。

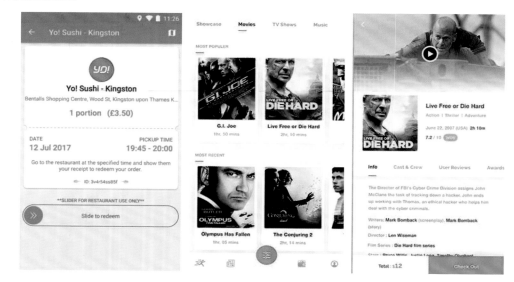

1.2 APP UI 与用户体验

　　APP UI 设计是人机互动过程中的一个重要环节，泛指移动设备上的操作界面。UI 界面是用户与移动端中的应用程序进行交互的方式，用户使用移动端时，从屏幕上看到的就是 UI 界面。设计 UI 界面时要考虑到心理学、设计学、语言学等方面内容。

　　用户体验从广义上来说，是用户在使用产品的过程中的体验效果及主观感受。随着互联网的快速兴起，科技领域中的用户体验主要集中在用户的主观感受、动机、价值观等方面，通过人机交互技术深入到人们的日常生活中。

　　UI 与用户体验是相辅相成的，设计师要考虑到用户体验，将艺术与科技相结合，使用户尽可能地与手机软件进行交互。

1.3 APP UI 设计的点、线、面

众所周知，点、线、面是艺术设计中的基本表现手法，是 UI 设计中的骨骼。即使拥有了好看的外表，没有内在的构架，慢慢地，也会给人们带来不良的感受。一切好的设计都是在一个稳定、良好的构架上进行的。

1.3.1 点

点在平面设计中，不是人们狭义上理解的一个点，而是在屏幕上相对线、面更小的面积。在设计时，不要被固定思维限制住，点可以是文字、图形文字等，前提是需要与页面中的其他元素进行比较。

1.3.2 线

线既是由点的运行所形成的轨迹，又是面的边界。在平面设计中，线的意义也不仅仅是线，例如由点组成的虚线、一长串的文字、由图形组成的线等，这些都可以成为线。不同轨迹的线可以表现出不同的视觉效果，横向给人一种延伸感，曲线具有一定的柔软感等。

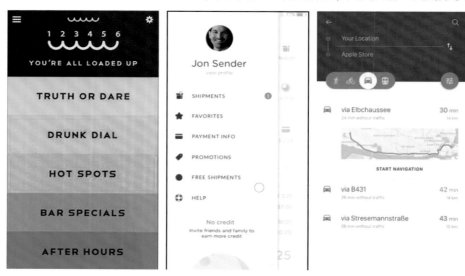

1.3.3 面

面是由线移动构成的结构，具有长度和宽度，却没有厚度。在 UI 设计中，将点和线进行扩张就可以出现面。面可以说成是点的扩大，点更多强调的是页面结构，面则是强调形状面积。

1.4 尺寸与规则

市面上较为流行的手机系统基本为 IOS 和 Android 这两个系统，两个系统各有各的好处。

Android 系统是开源的，所以在此基础上，手机制造商可以开发出更加适合自己产品的 ROM。但是由于版本的不统一，各式各样的都有，界面会比 IOS 的好看些。而 IOS 所有东西都是集成的，系统具有稳定性和实时性，用户体验会比较好。

1.4.1 IOS

1. 尺寸

iPhone 手机的型号不同，其屏幕大小也不同。为了避免在设计过程中出现不必要的麻烦，所以我们要对手机的尺寸进行了解。

设备	分辨率	PPI	状态高度栏	导航栏高度	标签栏高度
iPhone6P、6SP、7P	1242×2208 px	401ppi	60px	132px	146px
iPhone6-6S-7	750×1334 px	326ppi	40px	88px	98px
iPhone5-5C-5S	640×1136 px	326ppi	40px	88px	98px
iPhone4-4S	640×960 px	326ppi	40px	88px	98px
iPhone&iPod Touch 第一代、第二代、第三代	320×480 px	163ppi	20px	44px	49px

由于尺寸过多，所以建议以 640×960px 或 640×1136px 为基础去适配 iPhone 4、iPhone 5、iPhone 6；以 1242×2208px 的尺寸去设计 iPhone 6 plus、iPhone 6s plus、iPhone 7 plus。

2. 界面构成

iPhone 的 App 界面一般由四个元素组成，分别是状态栏、导航栏、主菜单栏、内容区域。由于不同机型的屏幕尺寸略有差别，所以界面各组成部分的尺寸也不一样，各个元素的尺寸如下表所示。

设备	状态高度栏	导航栏高度	标签栏高度
iPhone6P、6SP、7P	60px	132px	146px
iPhone6-6S-7	40px	88px	98px
iPhone5-5C-5S	40px	88px	98px
iPhone4-4S	40px	88px	98px
iPhone&iPod Touch第一代、第二代、第三代	20px	44px	49px

◆ 状态栏：就是我们经常说的信号、运营商、电量等显示手机状态的区域。

◆ 导航栏：显示当前界面的名称，包含相应的功能或者页面间的跳转按钮。

◆ 内容区域：展示应用提供的相应内容，在整个应用中布局变更最为频繁。

◆ 主菜单栏：类似于页面的主菜单，提供整个应用分类内容的快速跳转。

1.4.2 Android

Android 是一种具有自由及开放源代码的操作系统，主要使用于移动设备，如智能手机和平板电脑。

应用 Android 系统的手机非常多，根据需求 Android 系统被设计为可以在多种不同分辨率设备上运行的操作系统。在了解设计规范之前，我们必须了解一些专有名词和单位。

（1）ppi(pixels per inch)：数字影像的解析度，意思是每英寸所拥有的像素数量，即像素密度。ppi 不是度量单位。对于屏幕来说，ppi 越大，屏幕的精细度越高，屏幕看起来就越清楚。在手机 UI 设计中，ppi 要与相应的手机相匹配，因为低分辨率的手机无法满足高 ppi 图片对手机硬件的要求。

（2）dip(density-independent pixel)。dip 也称之为 dp，是 Android 开发用的长度单位，与屏幕密度无关，程序可以转换相应的像素长度，去适配不同的屏幕。具体的转换规则为 1dp 表示在屏幕像素点密度为 160ppi 时 1px 的长度。

（3）分辨率：指平面垂直和水平方向上的像素个数，一般为像素宽度乘以像素高度，例如分辨率为 480×800，就是指设备水平方向有 480 个像素点，垂直方向有 800 个像素点。

（4）px(pixel)：中文翻译为像素，是指屏幕上的点。当我们把一张图片放大到数倍之后，就能够看见像素块。

（5）sp(scaled pixels)：中文翻译为放大像素，主要用于字体显示。一般建议字号最好以 sp 作单位。

（6）屏幕尺寸：屏幕尺寸是指屏幕的对角线长度，而不是手机的整体面积。

随着手机样式的逐渐增多，UI 的适配要求也越来越精准，UI 适配主要受屏幕尺寸（屏幕的像素宽度及像素高度）和屏幕密度这两个因素的影响。

屏幕大小	低密度（120）	中等密度（160）	高密度（240）	超高密度（320）
小屏幕	QVGA（240×320）		480X640	
普通屏幕	WQVGA400(240×400) WQVGA432(240×432)	HVGA（320×480）	WVGA800(480×800) WVGA854(480×854) 600×1024	640×960
大屏幕	WVGA800*（480×800） WVGA854*（480×854）	WVGA800*（480×800） WVGA854*（480×854） 600×1024		
超大屏幕	1024×600	1024×768 1280×768W×GA（1280×800）	1536×1152 1920×1152 1920×1200	2048×1536 2560×1600

1.5 APP UI 设计的原则

　　APP UI 设计要遵循一定原则，在设计前需要考虑为什么要设计 UI，怎样设计才能吸引用户、增加用户的使用频率等，这样才会设计出更加实用美观的手机界面。APP UI 设计有四大原则：突出性原则、商业性原则、趣味性原则、艺术性原则。

1.5.1 突出性原则

　　突出性原则是指将手机界面中的信息，通过重心型的版式设计，给出一个突出的主体物，人们的注意力会被冲击力较强的图形或文字所吸引。

1.5.2 商业性原则

　　目前开发出一款好的手机应用要具有营利性，在 IOS 系统中的应用商店，有的应用需要付费才能下载。Android 系统的开放式源代码，能使应用开发的成本降低，通过下载量可以决定一个应用的商业价值。而 UI 设计能给人以直观的视觉感受，光通过优秀的 UI 设计吸引用户下载，然后通过良好的交互体验留住用户。

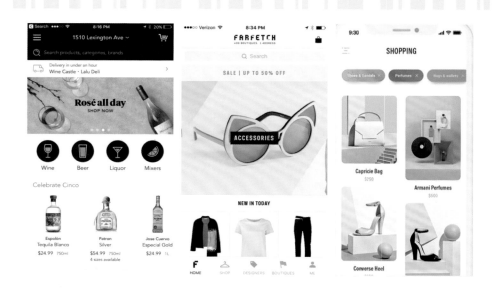

1.5.3 趣味性原则

UI 设计中令人回味、趣味无尽的界面，这就是趣味性原则。通过界面的设计可以激发人的兴趣，使手机应用的生命力更加长久。

1.5.4 艺术性原则

通过形象的设计体现手机应用的主体，给人直观的视觉感受。同时在 UI 设计中要考虑到实用性，因为 UI 设计是面向用户，要考虑大多数用户的使用情况。

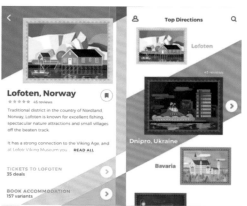

1.6 APP UI 设计的法则

　　APP UI 设计是为了满足用户对手机界面的审美需求和功能体验，APP UI 设计有五大法则：形式美法则、平衡法则、视觉法则、联想法则、直接展示法则。

1.6.1 形式美法则

　　形式美是一种具有相对独立性的审美对象，其法则在 APP UI 设计中主要有以下表现：对称与统一、节奏与韵律、和谐等。

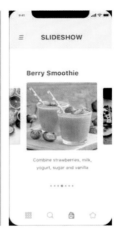

1.6.2 平衡法则

　　随着时代的发展，移动端的界面变得越来越大。因此，版式布局在设计中越来越重要。版式布局不仅仅是把所有的功能放进去，而是应通过导航栏、工具栏、状态栏等区域的版式布局，将屏幕面积进行合理划分，给人舒适的视觉效果。

1.6.3 视觉法则

APP UI 界面中的视觉法则主要是通过色彩、图案、标志来体现，这些要素只要搭配合理，就能够有效地吸引人们的注意力，将实物虚拟成手机界面中的图像，带给人们安全、清新、科技、浪漫、扁平化、拟物化等视觉感受。

1.6.4 联想法则

通过对现实生活中的物品进行联想，并在此基础上进行 APP UI 设计。这种设计方式可以体现设计师丰富的想象力，增强艺术形象的表现形式，使屏幕界面更美观。例如对图标的设计，不管拟物化还是扁平化，都是将生活中人们的普遍认知，进行合理的想象与设计。

1.6.5 直接展示法则

直接展示法则，是将信息直接展示在手机界面上，通过图形与文字的结合，让用户直接观看到其功能用途，给人直观的视觉观感。下方的例子基本以图形为主要显示方式，通过图形展现出功能信息。

第2章 APP UI 设计的基础知识

UI 即用户界面的简称，UI 设计是指对软件的人机交互、操作逻辑、界面美观的整体设计，好的 UI 设计不仅可以使软件变得有个性有品位，还可以使软件的操作变得舒适、简单、自由，充分体现软件的定位和特点。

随着互联网时代的腾飞与手机、平板电脑等移动端的迅速崛起，界面设计师的需求量也日益增加，从事界面设计的"美工"也随之被称之为"UI 设计师"或"UI 工程师"。其实软件界面设计就像工业产品中的工业造型设计一样，是建立在科学性之上的艺术设计，是产品的重要卖点，一款产品拥有美观的界面会给人带来舒适的视觉享受，拉近人与商品的距离。本章主要从颜色、版式两方面进行讲解。

2.1 UI 与色彩

　　色彩是十分重要的科学性表达，是主观上一种行为反应，在客观上是一种刺激现象和心理表达。色彩最大整体性就是画面的表现，把握好整体色彩的倾向，再去调和色彩的变化，才能做到更有具体性。色彩是一种诉说人情感的表达方式，对人的心理和生理都会产生一定的影响。在设计中，可以利用人对色彩的感受来创造富有个性层次的画面，从而使设计更加突出。

红——780 ～ 610nm
橙——610 ～ 590nm
黄——590 ～ 570nm
绿——570 ～ 490nm
青——490 ～ 480nm
蓝——480 ～ 450nm
紫——450 ～ 380nm

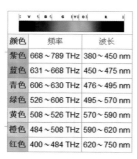

颜色	频率	波长
紫色	668～789 THz	380～450 nm
蓝色	631～668 THz	450～475 nm
青色	606～630 THz	476～495 nm
绿色	526～606 THz	495～570 nm
黄色	508～526 THz	570～590 nm
橙色	484～508 THz	590～620 nm
红色	400～484 THz	620～750 nm

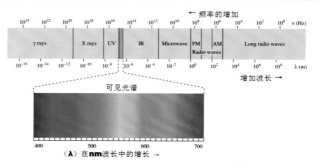

可见光谱

（A）在nm波长中的增长 →

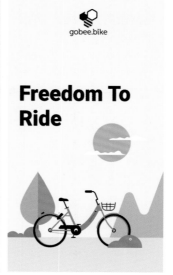

2.1.1　色相、明度、纯度

色彩的属性是指色相、明度、纯度三种性质。

色相是指颜色的基本相貌，它是色彩的首要特征，是区别色彩最精确的准则。色相又是由原色、间色、复色所组成的。而色相的区别就是由不同的波长来决定，即使是同一种颜色也要分不同的色相，如红色可分为鲜红、大红、橘红等，蓝色可分为湖蓝、蔚蓝、钴蓝等，灰色又可分红灰、蓝灰、紫灰等。人眼可分辨出大约一百多种不同的颜色。

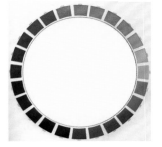

明度是指色彩的明暗程度，明度不仅表现为物体照明程度，还表现在反射程度的系数上。明度又可分为 9 个级别，最暗为 1，最亮为 9，并划分出 3 种基调：

◆ 1~3 级为低明度的暗色调，给人沉着、厚重、忠实的感觉；

◆ 4~6 级为中明度色调，给人安逸、柔和、高雅的感觉；

◆ 7~9 级为高明度的亮色调，给人清新、明快、华美的感觉。

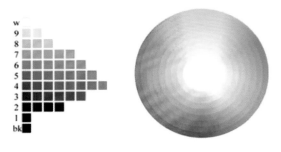

纯度既是色彩的饱和程度，也是色彩的纯净程度。纯度在色彩搭配上具有强调主题和意想不到的视觉效果。纯度较高的颜色虽可给人造成强烈的刺激感，能够使人留下深刻的印象，但也容易造成疲倦感，要是与一些低明度的颜色相配合则会显得细腻舒适。纯度也可分为 3 个阶段：

◆ 高纯度——8~10 级为高纯度，产生强烈、鲜明、生动的感觉；

◆ 中纯度——4~7 级为中纯度，产生适当、温和的平静感觉；

◆ 低纯度——1~3 级为低纯度，产生一种细腻、雅致、朦胧的感觉。

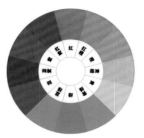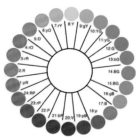

2.1.2　主色、辅助色、点缀色

APP UI 设计必须注重色彩的全局性，不要使色彩偏向于一个方向，否则会使空间失去平衡感。APP UI 设计通常由主色、辅助色、点缀色组成。下面就对此一一进行介绍。

1. 主色

主色能够定义一个 APP 主体基调，并发挥着主导作用；能够令整体空间看起来更为和谐，是空间中不可忽视的一部分。一般来说，设计中占据面积比例最大的颜色即为主色。

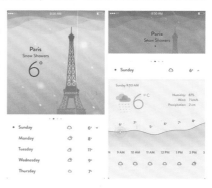

2. 辅助色

辅助色可以补充或辅助手机界面主体色的色彩，在页面中它可以与主色是邻近色，也可以是互补色，不同的辅助色会改变空间蕴含的情感，给人带来不一样的视觉效果。

3. 点缀色

点缀色是在界面中占有极小部分面积的色彩，具有多变性，又可突破整体造型效果，还能够烘托整个应用的风格，彰显出自身固有的魅力。点缀色可以理解为点睛之笔，是整个设计的亮点所在。

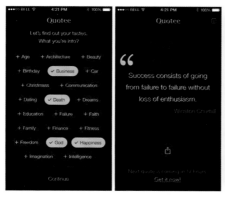

2.1.3　邻近色、对比色

邻近色与对比色在 APP UI 设计中运用比较广泛，设计过程中不仅要注重功能项，还可以用色彩来表现界面的丰富景象，与不同的元素相结合，能够完美地展现出界面的魅力所在。

 邻近色

从美术的角度来说，邻近色在相邻的各个颜色当中能够看出彼此的存在，你中有我，我中有你；在色相环中，两种颜色之间相距 90°，色相彼此相近，色彩冷暖性质相同，具有一致的情感色彩。

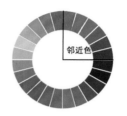

 对比色

对比色是人的视觉感官所产生的一种生理现象，是视网膜对色彩的平衡作用。两种颜色在色相环中相距 120° 或 180°。

2.2　APP UI 设计的布局

布局设计是现代设计艺术的重要组成部分，是视觉传达的重要手段。表面上看，它是一种关于编排的学问；实际上，它不仅是一种技能，更实现了技术与艺术的高度统一，布局设计是现代设计者所必备的基本功之一。

布局设计是指设计人员根据设计主题和视觉需求，在预先设定的有限版面内，运用造型要素和形式原则，根据特定主题与内容的需要，将文字、图片及色彩等视觉传达信息要素，进行有组织、有目的的组合排列的设计行为与过程。常用布局方式有很多，主要包括对称式、曲线式、倾斜式、中轴式、文字式、图片式、自由式、背景式、水平式、引导式。

2.2.1　对称式

在 UI 设计中，可以将页面进行"对称"分割。对称式的布局方式既能给人带来稳定性、安全性，又可给人一种均衡的感觉。这里需要注意，对称式的布局可能会使页面变得古板，因此需要对图案、色彩等进行艺术处理。

2.2.2　曲线式

曲线的版式设计可以使界面变得更有活力，使其产生节奏感和韵律感。设计中适当运用曲线，可使整个页面变得圆滑、柔和。相较于其他版式，它给人一种灵活性与生动性，也可以创造出更新奇的形式。

2.2.3　倾斜式

倾斜式的版式可以表现强烈的动态美，吸引用户的注目与阅读。只是倾斜式并不意味着设计时可以随意地倾斜，否则会造成版面的不稳定。可以通过图片文字的排列、颜色的深浅等方式进行有秩序的版式排列。

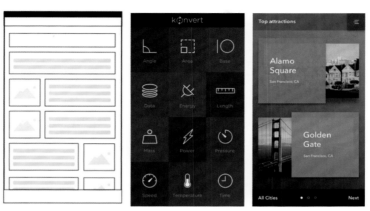

2.2.4　中轴式

中轴式的布局方式是将主要内容进行集合，采用水平、垂直的方式进行排列。它可以充分地利用手机屏幕的空间，使空间呈现出紧凑感。根据方向不同，可以分为水平方向和垂直方向。水平方向符合人们的常用阅读习惯，给人一种稳定的感觉；垂直方向使人们的目光向下移动，给人一种动态的效果。

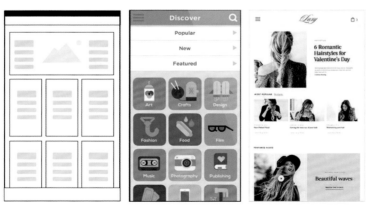

2.2.5　文字式

文字式的版式设计是以文字为主体，图片为辅助。新闻类、工具类等应用多采用文字式的版式布局。通过图文结合给用户最新的信息，使用户可以生动、详细地了解到最新的新闻。

2.2.6 图片式

　　图片式界面多用于相册界面与新闻应用中的图片新闻等软件。现在的智能手机已经出现背面双摄，尤其是女性用户喜欢拍照，相册应用可以根据时间及特定要求进行排列归纳。而新闻应用中的图片新闻，通过滑动图片可以查看，也可以通过点击下方缩略图查看。

2.2.7 自由式

　　自由的版式设计可以理解为没有限制的设计，将界面中的图文信息以一种自由方式排列，打破了固有的版式模式。自由式排列也可体现出一定的主从关系顺序，给人一种平衡感。浅色的背景可以保证界面的整洁性，而文字、图形则有相应的针对性。

2.2.8　背景式

背景式的版式设计，多以图片作为页面的背景，多应用在欢迎页和与登录界面上。使用贴近应用的图片，可给用户一种身临其境的代入感。

2.2.9　水平式

水平式可以使杂乱无章的图文变得井然有序，方便用户快捷地看到相应的信息。在 APP UI 设计中常使用这种版式布局，将页面空间充分利用。文字、图片、标题在相应的位置让用户一目了然，使用户更便捷、高效地浏览界面内容。

2.2.10　引导式

引导式的版式是将界面中琐碎的元素进行整合，主要通过图形、文字内容和色彩对用户产生引导作用。引导式具有很强的秩序感、逻辑性和指示性。同时将信息按照关键词进行整理分类，可以使用户很快找到所需的信息。

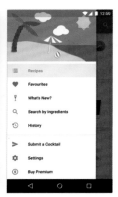

第3章

APP UI 设计的基础色

红\橙\黄\绿\青\蓝\紫\黑、白、灰

　　基础色在 UI 设计中占有举足轻重的地位，不同色彩的页面可带给人不同的视觉体验，使用户感受到人性化的设计。UI 设计的基础色主要分为红、橙、黄、绿、青、蓝、紫、黑、白、灰。

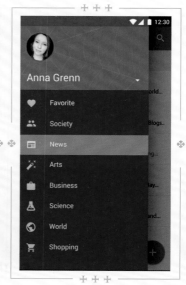

3.1 红

3.1.1 认识红色

红色：红色是一种象征着温暖、热情的颜色。强烈的色彩运用到手机软件的界面设计中，对人们的视觉可产生一定的冲击力，给人热情、激情的感觉。红色可以表现出热情、开朗的感觉，同时红色也可以起到标识、警告、提醒的作用。

色彩情感：火热、希望、温暖、喜气、积极、危险、警告。

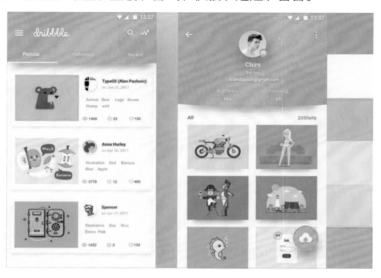

洋红 RGB=207,0,112 CMYK=24,98,29,0	胭脂红 RGB=215,0,64 CMYK=19,100,69,0	玫瑰红 RGB=30,28,100 CMYK=11,94,40,0	朱红 RGB=233,71,41 CMYK=9,85,86,0
鲜红 RGB=216,0,15 CMYK=19,100,100,0	山茶红 RGB=220,91,111 CMYK=17,77,43,0	浅玫瑰红 RGB=238,134,154 CMYK=8,60,24,0	火鹤红 RGB=245,178,178 CMYK=4,41,22,0
鲑红 RGB=242,155,135 CMYK=5,51,41,0	壳黄红 RGB=248,198,181 CMYK=3,31,26,0	浅粉红 RGB=252,229,223 CMYK=1,15,11,0	勃艮第酒红 RGB=102,25,45 CMYK=56,98,75,37
威尼斯红 RGB=200,8,21 CMYK=28,100,100,0	宝石红 RGB=200,8,82 CMYK=28,100,54,0	灰玫红 RGB=194,115,127 CMYK=30,65,39,0	优品紫红 RGB=225,152,192 CMYK=14,51,5,0

3.1.2　洋红 & 胭脂红

① 本作品为移动应用程序——音乐播放器。本图着重突出音乐播放的含义。

② 以洋红做底，中间的浅粉色突出了音符的图标，给人一目了然的感觉。

③ 图标中的音符与暂停键符号可以让用户直观地了解软件的用途。

① 本作品为移动应用程序——果汁销售。本图着重以销售草莓汁为主。

② 草莓本身就是红色的，在白色背景下突出了红色的瓶装草莓汁，在周围点缀了草莓，更加体现了果汁的属性。

③ 可以通过软件购买果汁，虚化的草莓给人一种透视感，使整个页面更富有立体感。

3.1.3　玫瑰红 & 朱红

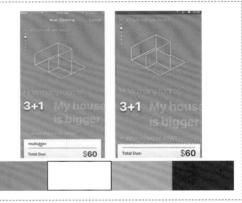

① 本作品为移动应用程序——征兵应用。本图为首页——应征入伍的介绍页。

② 玫瑰红的背景，上面用票据的形象作为背景，表示可以获得参军的入场券。

③ 下方白色可以突出文字介绍，使人更加了解征兵信息，下面的按钮为用户接受信息，点击就会进一步填入个人信息。

① 本作品为移动应用程序——家政服务，本图用于用户选择房屋的规格，以便结算清理的费用。

② 在视觉上以朱红为背景颜色，利用白色着重表现出重要的信息，使人可以清晰地看到重点信息。

③ 商家对于客户前期需求有一定了解，本软件基于用户体验，可使商家与用户进行对话。

3.1.4 鲜红 & 山茶红

❶ 本作品为移动应用程序——公交订票软件。左图为用户可选择的出发地、目的地、日期，右图根据用户的选择提供的车次详细信息。

❷ 以鲜红为主体，同色系的颜色相互拼接，给人一种动感的效果。在应用中票价、订票等选择区域，也以红色为底色，使用户可以一目了然看到关键信息。

❶ 本作品为移动应用程序——阅读软件。

❷ 山茶红给人一种温暖热情的感觉，激起人们阅读的欲望，增加人们对阅读的兴趣。

❸ 圆形的图标给人一种圆滑感，山茶红作为背景，突出书籍的形状，书籍图案上的书签与书脊的形状使图标更加形象生动。

3.1.5 浅玫瑰红 & 火鹤红

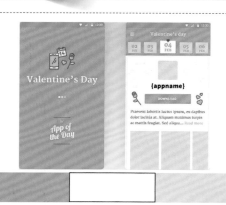

❶ 本作品为移动应用程序——情人节应用。主要是以日历形式为主体。

❷ 情人节是充满喜欢与爱意的节日，浅玫瑰红可以给人一种浪漫的感觉。

❸ 情人节作为现在较为流行的节日，主要受用群体为年轻人，所以具有年轻化的倾向，浅玫瑰的颜色可以增加节日气氛。

❶ 本作品为移动应用程序——员工入职公司介绍。本图介绍了公司房间有空调和无线传输功能。

❷ 以火鹤红为背景，给人以清新淡雅的印象，使人对公司产生一种温馨的感觉，并使人产生一种归属感。

❸ 有空调和无线的标志，下面还配有简单的文字，使人可以更清晰详细地了解公司的环境情况。

3.1.6　硅红 & 壳黄红

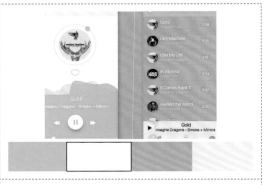

① 本作品为移动应用程序——家庭安全应用设计。本图为家庭中的安全分类以及室内温度的详情介绍页。

② 左图中硅红与白色相结合，在最下面工具栏为工具的分类部分，用户选择一个功能区，此区域就变为硅红色，以便区分。

③ 右图为以黑色为背景的温度页，使人可以直观地看见温度计形状。

① 本作品为移动应用程序——音乐播放器。本图为歌曲播放页和歌曲列表。

② 壳黄红颜色背景，使整个界面充满了一种温馨、甜蜜的感觉，给人享受的视觉效果。

③ 音乐列表页面，给人一种干净整齐的视觉效果，在此页面下方的播放器采用半透明的设计，与页面相互呼应。

3.1.7　浅粉红 & 勃艮第酒红

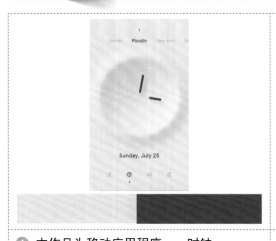

① 本作品为移动应用程序——时钟。

② 整个页面以浅粉色为主色调，给人一种淡雅温馨的感觉，时钟的指针、日期、功能键为紫色，与其他区域以浅紫色作了区别。

③ 页面的时钟设计简约而时尚，突起的圆形作为钟面，呈现出一种凸起的效果，指针在其中转动，极具立体感与动态感。

① 本作品为移动应用程序——健身日志。本图为日志详情页。

② 勃艮第酒红给人一种沉稳的感受，同时具有激励用户不要放弃锻炼的作用。

③ 通过这个软件记录了使用者的锻炼情况，同时进行了详细的数据分析，用绿色表示增加，使用户感受到成就感；红色表示减少，起到一种警示的作用。

3.1.8 威尼斯红 & 宝石红

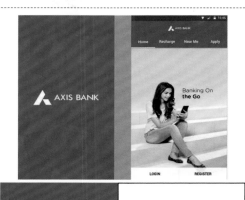

① 本作品为移动应用程序——网上商城购物。本图为商品分类的界面。
② 白色为底色，通过红色圆形中的图案，就可以显示出每个区域的分类。用户可以根据自己的需求选择想要购买的东西。
③ 九宫格平均排列的页面，给人以干净整齐的视觉效果。

① 本作品为移动应用程序——银行的移动端。本图为欢迎界面与首页。
② 背景由不规则的宝石红菱形拼接而成，既给人一种灵活性，又使背景不再单调，同时突出中间银行的标志和名称。
③ 首页由标题栏和一个大版的图像介绍，给人一个简单、好操作的应用印象。

3.1.9 灰玫红 & 优品紫红

① 本作品为移动应用程序——日记。
② 通过颜色区别日期，当天的日期为橘红色，其他日期为灰玫红，给人一种沉稳、安全的感觉。作为日记应用，安全隐私是最先考虑的。

① 本作品为移动应用程序——网上商城购物。本图为情人节专题的封面。
② 优品紫红烘托了界面中间的礼包，打开软件看见礼包表示打开有惊喜，给人一种神秘感与浪漫感。
③ 应用中会给用户推荐一些关于情人节所需要的商品、礼物，方便用户进行购买。

3.2 橙

3.2.1 认识橙色

橙色：橙色是欢快活泼、生机勃勃、充满活力的颜色，也是收获的颜色。运用到 UI 设计中能给人一种眼前一亮的活泼感。橙色在页面中可以带来温暖，也会带给人希望。橙色还代表着健康、成熟、幸福。

色彩情感：温暖、明亮、华丽、健康、兴奋、成熟、生机、尊贵、标志。

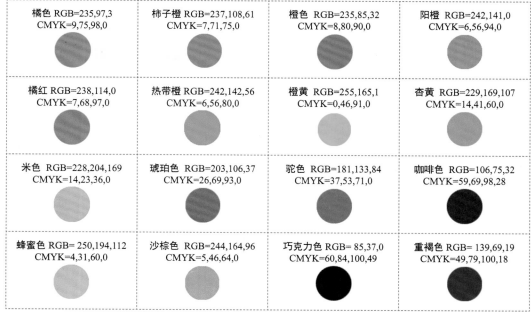

橘色 RGB=235,97,3 CMYK=9,75,98,0	柿子橙 RGB=237,108,61 CMYK=7,71,75,0	橙色 RGB=235,85,32 CMYK=8,80,90,0	阳橙 RGB=242,141,0 CMYK=6,56,94,0
橘红 RGB=238,114,0 CMYK=7,68,97,0	热带橙 RGB=242,142,56 CMYK=6,56,80,0	橙黄 RGB=255,165,1 CMYK=0,46,91,0	杏黄 RGB=229,169,107 CMYK=14,41,60,0
米色 RGB=228,204,169 CMYK=14,23,36,0	琥珀色 RGB=203,106,37 CMYK=26,69,93,0	驼色 RGB=181,133,84 CMYK=37,53,71,0	咖啡色 RGB=106,75,32 CMYK=59,69,98,28
蜂蜜色 RGB=250,194,112 CMYK=4,31,60,0	沙棕色 RGB=244,164,96 CMYK=5,46,64,0	巧克力色 RGB=85,37,0 CMYK=60,84,100,49	重褐色 RGB=139,69,19 CMYK=49,79,100,18

3.2.2 橘色 & 橘红

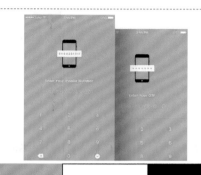

① 本作品为移动应用程序——交友软件。本图为个人主页的界面。

② 橘色占了大约一半的面积，以个人的头像和简单介绍为主体。白色背景上的橙色线条图标，使界面简单有亮点，可以明确地分辨用户的兴趣爱好。

③ 一目了然地看见使用者的兴趣，方便用户在网络上沟通与交友，易于找到共同话题，相互了解。

① 本作品为移动应用程序——手机保护。本图为用户设计密码。

② 橘红色的界面，起到一种提示的作用，因为本应用是为了手机的信息安全，所以这个颜色会给人一种提醒警告的感觉。

③ 手机密码的设置，一般是先输入一遍密码，第二遍再确认输入一遍密码，才能确定设置成功。

3.2.3 柿子橙 & 热带橙

① 本作品为移动应用程序——休闲游戏。本图为移动测量的滑动界面。

② 柿子橙色的界面，由下至上逐渐变深，阶梯形排列的横线，类似于刻度线，给人一种直观的视觉效果。

③ 这是一款设计简单的休闲游戏，通过物体所在的位置，给予用户满意度评价。

① 本作品为移动应用程序——秒表。本图为秒表应用的界面。

② 通过颜色的变化，把背景分为三个部分，同色系的渐变，使空间更有层次感。

③ 界面用形象的时钟来计时，也有准确的数据记录，可以同时记下多个记录，具有强大的功能性。

3.2.4　橙色 & 阳橙

① 本作品为移动应用程序——游戏中心。
② 橙色的圆形背景，突出了游戏手柄的图标，使用户一目了然了解该应用，减少用户错误选择的可能性。

① 本作品为移动应用程序——游戏。本图为游戏评分界面。
② 以阳橙色作为背景，给人一种暖意，整个页面布局颜色基本是同色系的，给人一种简洁明了的观感。
③ 手游过关后会有评分界面，页面布局简单，但该有的功能都不缺失，让玩家直观了解上一关游戏的相关数据。

3.2.5　橙黄 & 杏黄

① 本作品为移动应用程序——食物搭配，可帮助人们认识和制作健康的食物。本图为健康的乳饮料配方介绍。
② 通过悬浮窗口的推荐，可以滑动选择想阅读的文章，点击进去就是该文章的详细内容，下方的按键可以点赞、分享、收藏文章。
③ 橙黄的背景衬托着青色的与文章相关的图标，给人一种温暖、安全的感觉。

① 本作品为移动应用程序——篮球运动，可以使篮球迷得到最新鲜的篮球资讯。本图为比赛的比分与各队球员的信息。
② 杏黄色为球场地板的颜色，以球场为背景，给人一种环境氛围的代入感，使用户可以体验到身临其境的感觉。
③ 界面上方为两队的比赛成绩，有总成绩和各个场次的成绩对比。下方为队员的图片，用户可以点击喜欢的球星，了解更多的详细内容。

3.2.6　蜂蜜色 & 米色

❶ 本作品为移动应用程序——锁屏显示界面。

❷ 本图的屏幕保护图片，以蜂蜜色为主，明亮的黄色半圆好似远方的太阳，从地平面升起，给人一种积极向上的感受。

❸ 屏保作为屏幕的保护，主要是以图片为主，包括时间、日期等基本的功能。

❶ 本作品为移动应用程序——信息软件，就是简约直接的聊天方式。

❷ 整体的浅色基调尽显页面的简洁，突出页面的聊天信息，给人一种素雅的视觉效果。

❸ 这个软件比较适用公务交谈，简单直接的聊天界面，便于沟通。

3.2.7　沙棕色 & 琥珀色

❶ 本作品为移动应用程序——指南针，本软件可帮助人们辨别方向。

❷ 沙棕色的背景，白色罗盘的精准设计，指针通过红白相配辨明方向。通过形象的指针转动和详细的地理位置数据，带给人们准确的方向信息，用户在野外可以通过手机辨别方向。

❸ 指南针的应用主要利用手机中拥有的电子罗盘配件，其输出的信号通过处理可数码显示在屏幕上。

❶ 本作品为移动应用程序——健康应用程序，可从数据上科学评估一个人的体重身高。

❷ 软件界面背景颜色从上到下由暗到明亮，避免了画面呈现出头重脚轻的感觉。

❸ 本应用通过形象的人物动画，构建模型计算体重指数，屏幕左侧为身高数据，下方为体重数据，在视觉上给人直观的感受。

3.2.8　驼色 & 咖啡色

① 本作品为移动应用程序——相机。
② 驼色为相机的整体颜色，给人一种稳重、大方的感觉，通过阴影的设计，让人在视觉上产生立体的视觉效果，使整个图标更具体形象。

① 本作品为移动应用程序——咖啡店的移动端，满足了咖啡爱好者的沟通与信息共享需求，咖啡店同时可以进行自我宣传，本图为注册界面。
② 因为是咖啡店的移动应用，所以采用了咖啡色作为主色调，上方有咖啡店的标志，中间为 4 个相同长度、宽度的白色圆角矩形，填写个人信息。下方一个深色的圆角矩形为注册按钮，因为深色可以给人确认的感觉。

3.2.9　巧克力色 & 重褐色

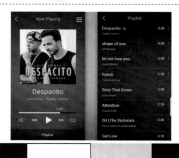

① 本作品为移动应用程序——音乐播放器
② 音乐播放器以巧克力色为背景，给人一种稳重的感觉，虚化的背景具有一种灵动性，体现了音乐的节奏感。
③ 作为音乐播放器，有播放列表的页面，也有音乐单独播放的页面，单独播放页面需要有功能键、专辑的封面、进度条、歌词。

① 本作品为移动应用程序——地图。
② 重褐色作为背景，给人一种大地的感觉，在黄色街道位置旁着重突出了位置标签的图标，明明白白地表明该软件是一个地图导航应用。
③ 地图作为现在人必备的软件之一，已经不仅仅是简单的地图，更具备多功能导航系统、出行路线规划等功能，使应用更加人性化，更方便用户使用。

3.3 黄

3.3.1 认识黄色

黄色：黄色是色相环中最明亮的色彩，有着金色的光芒。在东方，黄色是帝王专用色，象征权力和崇高。黄色可以给人带来一种快乐、活泼的视觉感受，同时可以营造出温暖的感觉。

色彩情感：辉煌、轻快、华贵、希望、活力、冷淡、高傲、敏感。

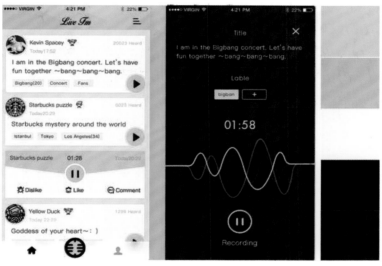

黄 RGB=255,255,0
CMYK=10,0,83,0

铬黄 RGB=253,208,0
CMYK=6,23,89,0

金 RGB=255,215,0
CMYK=5,19,88,0

香蕉黄 RGB=255,235,85
CMYK=6,8,72,0

鲜黄 RGB=255,234,0
CMYK=7,7,87,0

月光黄 RGB=155,244,99
CMYK=7,2,68,0

柠檬黄 RGB=240,255,0
CMYK=17,0,84,0

万寿菊黄 RGB=247,171,0
CMYK=5,42,92,0

香槟黄 RGB=255,248,177
CMYK=4,3,40,0

奶黄 RGB=255,234,180
CMYK=2,11,35,0

土著黄 RGB=186,168,52
CMYK=36,33,89,0

黄褐 RGB=196,143,0
CMYK=31,48,100,0

卡其黄 RGB=176,136,39
CMYK=40,50,96,0

含羞草黄 RGB=237,212,67
CMYK=14,18,79,0

芥末黄 RGB=214,197,96
CMYK=23,22,70,0

灰菊色 RGB=227,220,161
CMYK=16,12,44,0

31

3.3.2　黄 & 铬黄

① 本作品为移动应用程序——家具销售，本图为沙发的详情页。

② 本图的家具为高饱和度黄色的单人沙发，所以在背景上也采用同样的黄色作为背景，与白色相结合，给人一种清新明亮的感觉，更加突出沙发的色彩。

③ 在页面上有该沙发的用户评价、价格，用户还可以对物品进行收藏。

① 本作品为移动应用程序——健身爱好者，可帮助用户及时了解自身的情况。

② 在页面中运用铬黄色，给人一种积极向上的感觉，让人对健身充满动力与激情。

③ 本软件通过对用户多角度的了解，对数据进行了详细分析，使用户更加详细地了解自己的身体情况。

3.3.3　金 & 香蕉黄

① 本作品为移动应用程序——找工作应用，左图为个人简单简历，右图为定位附近的工作机会。

② 明亮的金色给人一种积极向上的感觉，使人更有动力去找工作。在灰色的地图定位上，以黄色作为定位点的颜色，给人一目了然的感觉，更清楚工作的位置。

③ 该应用可让招工者初步了解求职者的基本情况，也让求职者能搜索附近的工作机会。

① 本作品为移动应用程序——养成习惯，主要帮助人们养成一个习惯。

② 界面以香蕉黄为主，同色系拼接在一起，在视觉上呈现出一种层次感、立体感。

③ 本软件可帮助人们养成一个良好的习惯，用户可以把自己要做的事情，记录在应用上，规定完成时间，程序在固定的时间会提醒用户做相应的事情。

3.3.4　鲜黄 & 月光黄

① 本作品为移动应用程序——生日记录，主要是帮助人们记录生日。
② 明亮的鲜黄色作为背景，突出了深咖色的蛋糕；燃烧的蜡烛明白无误地点明了该应用的用途。
③ 记录生日应用可以提醒人们不会错过家人、朋友的生日，同时具有网上商城的作用，可以挑选礼物送给家人朋友。

① 本作品为移动应用程序——云备份，主要是帮助人们在网络上备份手机中的照片、短信、电话本等。
② 月光黄色的云朵，通过叠层相加，给人一种层次感，使整个图标变得充满立体感，使图标变得形象有内涵。

3.3.5　柠檬黄 & 万寿菊黄

① 本作品为移动应用程序——备忘录，主要用于帮助人们记录事件。
② 明亮的柠檬黄界面给人一种清新亮丽的视觉感受，具有提醒的作用，与同色系的辅助色相搭配，使图标变得更柔和。

① 本作品为移动应用程序——日历，主要用于查看日期及填写备忘信息。
② 万寿菊黄给人一种温馨的感觉，起到一种提示作用，提醒用户有事情需要去做，这个颜色不是特别明亮，但是可以让人们记在心里。

3.3.6　香槟黄 & 奶黄

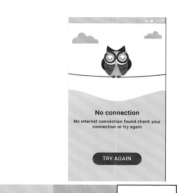

① 本作品为移动应用程序——虚拟键盘。

② 香槟黄作为整个键盘的背景，呈现出一种暖意，使键盘不会过于空旷，也更加清晰地划分出各个按键的区域。

③ 对于全屏幕的智能手机，基本没有实体的键盘，都是通过触摸屏幕上的虚拟键盘进行输入。

① 本作品为移动应用页面——页面连接不上。

② 黄色具有一定的提示作用，奶黄色会给人一种柔和的感觉，也同时具有提示作用，使人注意文字解释。

③ 页面中使用了卡通的猫头鹰，使页面变得更加活泼可爱。

3.3.7　土著黄 & 黄褐

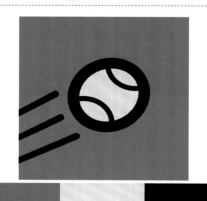

① 本作品为移动应用程序——球类运动。

② 整个图标以土著黄为背景，给人一种大地的感觉，表示球类运动是挥洒汗水的运动；三条斜线给人一种动态感，使整个图标变得活力充沛。

① 本作品为移动应用页面——找不到该页面。

② 黄褐色为背景，给人一种沉稳的感觉，使整个页面充满温厚、厚重的感觉。

③ 为了突出中间的图标，使用连接不上的图形，使人感到页面活泼俏皮。

3.3.8 卡其黄 & 含羞草黄

① 本作品为移动应用桌面插件——登录框，主要是方便用户快捷地登录账户。

② 黑色的背景界面，搭配卡其黄的滑动按键，给人一种高贵、大气的感觉。

③ 本应用可以记住账户和密码，以方便用户的使用。但记住密码更能保护自己的隐私。

① 本作品为移动应用程序——本地搜索，主要是帮助人们搜索手机本地的信息。

② 含羞草黄的颜色给人一种特别醒目的感觉，整个页面有一种明显的提示感。

③ 整个空间布局简约，上方为软件的标题，中间为整个软件最关键的搜索栏，下方还有一个设置功能的集合键。

3.3.9 芥末黄 & 灰菊色

① 本作品为移动应用程序——英语学习交流应用，本图是应用的首页界面。

② 芥末黄给人的感觉是黄色中带着绿色，简单的页面布局给人一种干净、素雅的感觉，可以让用户更加专心地学习。

③ 界面突出了白色的图标及登录的区域，使用户快捷了解应用的功能，也方便用户使用。

① 本作品为移动应用程序——饮品制作的应用，主要是饮品的配方及饮品制作的步骤。

② 灰菊色作为页面的背景，呈现一种素雅的视觉效果；白色仿佛一个便利贴，上面写着该饮品的制作方法，给人一种简洁方便的感觉。

③ 通过滑动箭头，就可以知道各个饮品的制作方法；同时配有简单的图片，给人直观的视觉效果。

3.4 绿

3.4.1 认识绿色

绿色：绿色是一种表现和平友善的中间色，具有稳定性，能起到缓解疲劳、舒展心情的作用，也代表希望和清新，象征着生命力旺盛，给人带来活力。绿色在大自然中最常见，多看绿色也可以保护视力。

色彩情感：生命、和平、清新、希望、成长、安全、自然、生机、青春、健康、新鲜。

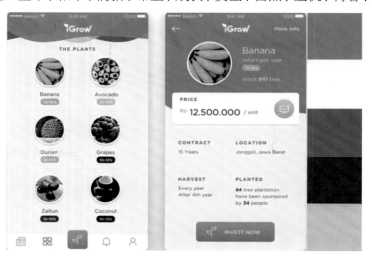

黄绿 RGB=216,230,0
CMYK=25,0,90,0

苹果绿 RGB=158,189,25
CMYK=47,14,98,0

墨绿 RGB=0,64,0
CMYK=90,61,100,44

叶绿 RGB=135,162,86
CMYK=55,28,78,0

草绿 RGB=170,196,104
CMYK=42,13,70,0

苔藓绿 RGB=136,134,55
CMYK=46,45,93,1

芥末绿 RGB=183,186,107
CMYK=36,22,66,0

橄榄绿 RGB=98,90,5
CMYK=66,60,100,22

枯叶绿 RGB=174,186,127
CMYK=39,21,57,0

碧绿 RGB=21,174,105
CMYK=75,8,75,0

绿松石绿 RGB=66,171,145
CMYK=71,15,52,0

青瓷绿 RGB=123,185,155
CMYK=56,13,47,0

孔雀石绿 RGB=0,142,87
CMYK=82,29,82,0

铬绿 RGB=0,101,80
CMYK=89,51,77,13

孔雀绿 RGB=0,128,119
CMYK=85,40,58,1

钴绿 RGB=106,189,120
CMYK=62,6,66,0

3.4.2　黄绿 & 苹果绿

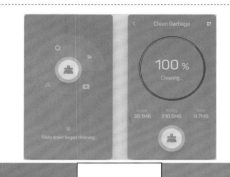

① 本作品为移动应用程序——果汁销售。本图着重介绍了苹果汁。

② 苹果本身就是绿色的，在白色背景下突出了黄绿的瓶装苹果汁，在周围点缀了苹果，更加突出了果汁的属性。

③ 可以通过软件购买果汁，右图为果汁所包含的成分含量。

① 本作品为移动应用程序——系统清理。

② 苹果绿接近自然色，可以使人心情放松，绿色给人一种安全感。清理手机内存中的垃圾和网络病毒，清理到 100% 安全，说明手机非常健康，系统没有任何问题。

③ 下滑页面就可以进行清理，对于用户来说是很方便的。清理完会总结清理的结果，体现手机的智能化、人性化。

3.4.3　墨绿 & 叶绿

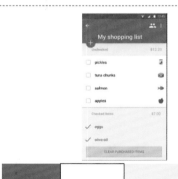

① 本作品为移动应用程序——地图。本图着重查找人们身边衣食住行的地点。

② 以墨绿色作为标题栏，给人一种深沉的感觉。地图上标示出来的位置通过颜色进行了分类，用户可以快速查找自己所找寻的地理位置。

③ 点击地点位置标志，就可以看到详细的信息。

① 本作品为移动应用程序——智能购物列表应用。本图可帮助用户把纸质的购物单变成手机上的应用，方便用户使用。

② 叶绿色的标题栏给人一种新鲜的视觉感。购买完成的物品，背景变为浅绿色，让用户一目了然。

③ 该应用的出现方便了用户，便于用户整理购买的东西。

3.4.4 草绿 & 苔藓绿

① 本作品为移动应用图标——电话，本软件具有手机最基本的、最重要的功能——拨打电话。

② 草绿色对整体的烘托，给人一种清新的感觉，代表拨打电话畅通的好心情。四周通过颜色深浅的变化，给人立体感的视觉效果。

① 本作品为移动应用图标——时间管理，本软件的目的是帮助用户有效地管理他们的时间，充分利用琐碎的时间。

② 整个图标形状为欧式花纹造型，以苔藓绿作为背景的颜色，呈现了一种复古的视觉效果。

3.4.5 芥末绿 & 橄榄绿

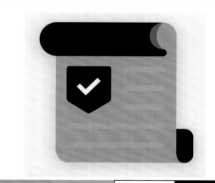

① 本作品为移动应用图标——备忘录，本软件可以辅助用户记录一些事情和提醒用户一些应注意的事项。

② 图标的背景为芥末绿，绿中带着一点点黄色。同色系的绿作为本子的条格，形象地表现出一个笔记本的样子。

① 本作品为移动应用界面——找不到页面。

② 橄榄绿颜色的演绎给人一种沉稳、安静的感觉，简单的图形使空间变得不再单调。

③ 用户可以参照下面的文字说明进行操作，如进行刷新页面或者重新链接等设置，页面就会重新回来。

3.4.6  枯叶绿 & 碧绿

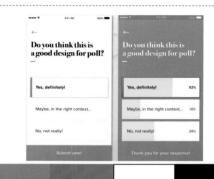

❶ 本作品为移动应用桌面插件——日历，该插件作为日历，有着极强的便捷性。

❷ 标题栏与选择日期的背景为枯叶绿色，日期的背景呈现出一种石纹的质感，给人一种复古的感觉。

❶ 本作品为移动应用程序——投票程序，可以实现不记名投票。本图为投票前后的两种界面。

❷ 整体布局简单明了，白色背景上的黑色粗体着重突出投票的事由。投完票以后，将碧绿色为背景。这个界面非常注重体现投票的结果和所占的百分比。

❸ 投票系统在投票之前不能看到投票的结果，所以两个界面要有分别。

3.4.7 绿松石绿 & 青瓷绿

❶ 本作品为移动应用程序——房地产，本软件可以帮助用户找到心仪的房子。

❷ 整个界面布局简洁，使用绿松石绿作为背景，给人一种清新的感觉。

❸ 通过与用户的互动提问，可以先了解用户的需求，以便在后期准确地给用户推荐房产信息。

❶ 本作品为移动应用程序——瑜伽软件，本图的页面为欢迎页面。

❷ 青瓷绿色给人一种清新淡雅的感觉。瑜伽可以靠冥想进行锻炼，绿色给人一种清新宁静的感觉，可以让用户的身心得到放松。

3.4.8 孔雀石绿 & 铬绿

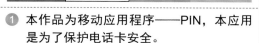

❶ 本作品为移动应用程序——PIN，本应用是为了保护电话卡安全。

❷ 绿色给人一种安全的感觉，黄色的锁更形象地表现了安全的含义。而这个应用程序就是为了手机的安全而设置 PIN 码。

❸ 设置手机的 PIN 码是为了保护手机卡的安全。为了防止电话卡被他人恶意盗用，用户若开启了 PIN 码，开机后要输入 PIN 码，确定是本人使用。错误超过三次，手机会自动锁卡。

❶ 本作品为移动应用程序——101 个商业理念，本图为应用首页展示。

❷ 铬绿色作为首页背景，在页面中间进行虚化，视觉上给人一种空间感，使页面具备了一定的透视感。

❸ 欢迎页通过文字告诉用户这个应用是关于什么。因为理念是人想出来的，所以采用了一个人头的图标，上面的灯泡表示灵光一现的灵感，美元符号则表示其与商业有关。

3.4.9 孔雀绿 & 钴绿

❶ 本作品为移动应用程序——录像，图为一个简单但形象的摄像机的形状。

❷ 孔雀绿的背景给人一种稳定的感觉，中间简单的录像图形标志，使用户不会混淆应用的功能。

❶ 本作品为移动应用程序——设计软件，图为设计师分享他的作品给他人的界面。

❷ 钴绿色给人一种生机勃勃的感觉，采用这个颜色，也是鼓励设计者多将一些作品分享给他人，给人一种积极向上的心理暗示。

❸ 设计者可以分享创意作品给他人或更新到微博，也可以通过该平台进行统一的展示。

3.5 青

3.5.1 认识青色

青色：青色所表示的感情内涵十分丰富，特点是高档、有品位，同时也可表现一种精神。青色的色调变化可以表现出不同效果，既可以表现出高贵华美，也可以体现轻快柔和。青色有缓解紧张、放松心情的作用。

色彩情感：轻快、华丽、高雅、庄重、坚强、希望、古朴。

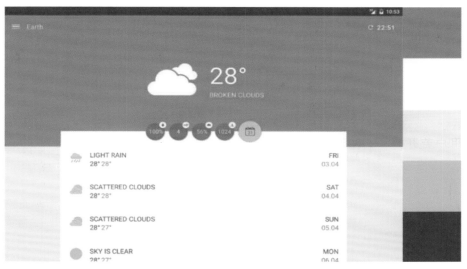

青 RGB=0,255,255 CMYK=55,0,18,0	铁青 RGB=82,64,105 CMYK=89,83,44,8	深青 RGB=0,78,120 CMYK=96,74,40,3	天青色 RGB=135,196,237 CMYK=50,13,3,0
群青 RGB=0,61,153 CMYK=99,84,10,0	石青色 RGB=0,121,186 CMYK=84,48,11,0	青绿色 RGB=0,255,192 CMYK=58,0,44,0	青蓝色 RGB=40,131,176 CMYK=80,42,22,0
瓷青 RGB=175,224,224 CMYK=37,1,17,0	淡青色 RGB=225,255,255 CMYK=14,0,5,0	白青色 RGB=228,244,245 CMYK=14,1,6,0	青灰色 RGB=116,149,166 CMYK=61,36,30,0
水青色 RGB=88,195,224 CMYK=62,7,15,0	藏青 RGB=0,25,84 CMYK=100,100,59,22	清漾青 RGB=55,105,86 CMYK=81,52,72,10	浅葱色 RGB=210,239,232 CMYK=22,0,13,0

3.5.2 青 & 铁青

① 本作品为移动应用程序——健身追踪器，该应用可以随时记录用户的健身记录，供使用者查询他们的健身情况。

② 青色的背景带给人们一种活泼、动感的感觉，运用在运动应用上再适合不过，能带给人动感十足的视觉效果。

① 本作品为移动应用程序——家庭监控设备，使用者可以监控家里的情况，以及家里的家用电器，还有历史使用记录。

② 铁青色给人一种沉稳、安全的感觉，本应用的作用在于监控家里面的安全，应用在手机上可远程操作、监看，给主人一个安全、舒适的家。

3.5.3 深青 & 天青色

① 本作品为移动应用程序——美国全国广播公司财经频道应用。

② 标题栏为深青色，着重突出了财经的数据，绿色在这里为上涨的颜色，能带给人们财富的感觉；下方则通过统计表的形式，具体、直观、形象地表达了数据。

③ 作为有关财经的软件，肯定需要不止一条公司的数据。通过下方的加号图标，可以添加多个信息，以供用户对比查看。

① 本作品为移动应用程序——圣诞节应用。

② 大块天青色可以看作天空的场景，圣诞节在漫天飘雪的冬天，所以用白色作为地面，给人一种清新的感觉。

③ 姜饼人为圣诞节的传统食物，多彩的灯饰把圣诞节装饰得五彩缤纷。界面摆放圣诞节的特有物品，给人带来浓浓的节日气息。

3.5.4 群青 & 石青色

① 本作品为移动应用程序——位置警告，可以在设置的时间内进行消息发送。

② 把标题栏的背景设置为群青色，着重突出定位的标志，明确该软件的作用。绿色作为一个有安全含义的颜色，有着确定的意思。

③ 安全是现在较为关注的话题，本应用使用手机定位的功能，提高用户的安全感。

① 本作品为移动应用程序——日历，可以在固定日期、时间添加备忘提醒。

② 整个软件的背景颜色为石青色，给人一种冷静、安静的视觉效果。

③ 现在日历的功能都具有备忘录、闹铃提醒的功能。

3.5.5 青绿色 & 青蓝色

① 本作品为移动应用程序——测试选择，用户可以根据自己的喜好选择向左向右。

② 明亮的青绿色背景可使用户眼前一亮，更加突出中间白色背景的选项。

① 本作品为移动应用程序——理财软件，使用者可以记录自己的财产使用情况，可以看到明细的账单。

② 青蓝色的背景，给人一种理性严谨的视觉效果，作为理财软件，带给用户一种安全、严谨的心理感受，使用户能更加放心地使用该应用。

③ 直线统计图在理财软件中比较常见，用户可以明确清晰地了解资金的使用情况。

3.5.6 瓷青 & 淡青色

❶ 本作品为移动应用程序——通讯软件，用户可以用以记录电话号码，设置本地好友头像，也可以进行短信沟通。

❷ 瓷青色给人一种淡雅的印象，整个通话、短信设置都采用瓷青色，与采用的手机主题一致，给人一种安静、简约的视觉感受。

❶ 本作品为移动应用程序——录音软件，本页面为播放录音的界面。

❷ 淡青色的页面，可使人眼前一亮，跳动的频谱形象表达出录音的信息，将声音进行了图形化处理。

❸ 可视化的音频软件，在视觉上给人一种动态的视觉享受，也是对音频的详细解析，以分清音频中的高低音。

3.5.7 白青色 & 青灰色

❶ 本作品为移动应用程序——专业维修，用户可以通过应用查找最近的专业维修点。

❷ 白青色作为地图的背景颜色，通过颜色的深浅划分区域街道，在视觉上给人明亮、清晰的视觉观感。

❸ 本应用可帮助用户查找最近的专业维修人士，还可提供个人的介绍、评价等。用户通过手机应用就可以找到维修人员。

❶ 本作品为移动应用程序——电子邮箱，用户可以查看电子邮件。

❷ 青灰色的侧边栏，使用户可以按照一种引导性的阅读顺序进行查看。用蓝色作为选中区域的颜色，使用户清晰地看到所选的信息，不会看错行。

❸ 界面布局是导示型版式，这种版式设计具有一定的秩序性，常用于工具应用中。

3.5.8 水青色 & 藏青

① 本作品为移动应用程序——员工入职公司介绍。本图介绍了薪资通过银行卡进行发放。

② 界面以水青色作为背景，给人一种安静、平稳的感觉，中间突出了红色钱包及银行卡的图案，让人一下就看到想要关注的重点。

① 本作品为移动应用程序——屏幕的保护界面和通话记录。

② 藏青色界面中央的指纹好像星球，周围有围绕的小星球，给人一种神秘玄幻的太空感觉，把用户带入太空的氛围。

③ 通话记录中用红色作为一种提醒色，让人们注意到未接电话。

3.5.9 清漾青 & 浅葱色

① 本作品为移动应用程序——闹钟。本图为闹钟设置的详细页面。

② 清漾青作为闹钟主要设置的背景，突出了闹钟时间、日期的设置；明亮的浅青色的按键区域，给人一种确认感。布局清晰干净，区间分割分明，不会混淆区域，利于用户使用。

③ 闹钟有定时的功能和可以再响的功能，也可以固定为一周的几天，这个功能是手机必备软件之一。

① 本作品为移动应用程序——恋爱应用。图标通过心形表现出应用的主题。

② 通过上下分割的图标，浅葱色给人一种淡雅而又清新的印象，让人感到一种恋爱的清新的味道。

③ 恋爱是两个人的事，所以在软件的图标上进行了上下两部分的分割，表示两个人相互沟通，是心与心的沟通。

3.6 蓝

3.6.1 认识蓝色

蓝色：蓝色是冷静的代表，可以使人联想到广阔的天空、大海。空间采用蓝色，会营造一种纯净、沉稳的视觉效果，给人一种清新靓丽的感觉，同时具有准确、理智的意象。蓝色既象征着智慧冷静，又代表着清新爽快。

色彩情感：理智、勇气、冷静、文静、清凉、安逸、现代化、沉稳。

蓝色 RGB=0,0,255 CMYK=92,75,0,0	天蓝色 RGB=0,127,255 CMYK=80,50,0,0	蔚蓝色 RGB=4,70,166 CMYK=96,78,1,0	普鲁士蓝 RGB=0,49,83 CMYK=100,88,54,23
矢车菊蓝 RGB=100,149,237 CMYK=64,38,0,0	深蓝 RGB=1,1,114 CMYK=100,100,54,6	道奇蓝 RGB=30,144,255 CMYK=75,40,0,0	宝石蓝 RGB=31,57,153 CMYK=96,87,6,0
午夜蓝 RGB=0,51,102 CMYK=100,91,47,9	皇室蓝 RGB=65,105,225 CMYK=79,60,0,0	浓蓝色 RGB=0,90,120 CMYK=92,65,44,4	蓝黑色 RGB=0,14,42 CMYK=100,99,66,57
爱丽丝蓝 RGB=240,248,255 CMYK=8,2,0,0	水晶蓝 RGB=185,220,237 CMYK=32,6,7,0	孔雀蓝 RGB=0,123,167 CMYK=84,46,25,0	水墨蓝 RGB=73,90,128 CMYK=80,68,37,1

3.6.2 蓝色 & 天蓝色

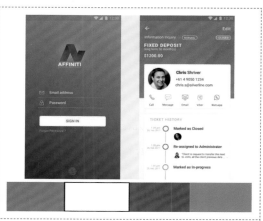

❶ 本作品为移动应用程序——游戏。本图为游戏界面首页。

❷ 蓝色的背景、黄色的倒计时时间，会给人增加一种紧迫感。

❸ 从 4 个选项中选择 3 个号码，它们将填补方程占位符。如果正确地填写方程，会得到一些额外的时间，时钟会向后转。

❶ 本作品为移动应用程序——理财软件。本图着重展示了登录页面和个人中心。

❷ 理财软件使用天蓝色做背景，给人一种冷静的印象，让人感觉到理性、专业性。

❸ 个人中心的上半部分以蓝色做主色调，通过同色系不同颜色的拼接，让人在视觉上产生一种交错感，使页面更具灵活性、流动性。

3.6.3 蔚蓝色 & 普鲁士蓝

❶ 本作品为移动应用页面——注册的欢迎页面。

❷ 蔚蓝色的背景界面，营造出一种冷静的视觉效果，可以使用户简单了解软件。

❸ 欢迎界面一般都较为简洁，给人一种清晰明了的感觉和一种神秘感，吸引用户进行注册。

❶ 本作品为移动应用程序页面——底部菜单。本图着重展示了登录页面和个人中心。

❷ 底部菜单背景为普鲁士蓝，与虚拟键的颜色为同色系，不会让人感到突兀。

❸ 现在手机大多数喜欢简化实体键，变为虚拟键，结合屏幕下方的底部菜单，整体给人一种干净、整洁的感受。

第 3 章 APP UI 设计的基础色

47

3.6.4　矢车菊蓝 & 深蓝

① 本作品为移动应用程序——航班信息查询。这是查询的详细页面。

② 矢车菊蓝色可以打造浪漫与清爽，以它作为页面背景，给人一种天空的感觉，白色的形状有些类似票据，中间的关键信息将深蓝色字体加粗，使人一目了然。

③ 本应用和天空中的飞机有关，所以页面上方不规则的形状仿佛是空中的云彩。

① 本作品为移动应用程序——邮寄行李。这是用户为邮寄行李进行选择的页面。

② 画面以深蓝色为背景，使白色文字和邮寄车的形状更加明显，用户可以根据需求来选择。明亮的黄色与深蓝色形成对比色，起到提醒用户的作用。

③ 该软件可以指定邮寄的车型，用户还可以挑选时间。根据用户的需求，价格区间也跟着出现，使消费价格更加透明。

3.6.5　道奇蓝 & 宝石蓝

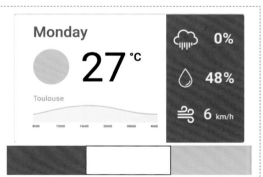

① 本作品为移动应用程序——电影订票系统。右图为电影信息，左图为电影的新闻。

② 作为一个有关海洋的动画画面，以道奇蓝作为背景再适合不过，海洋的颜色和电影内容相符合。明亮的黄色为订票的按键，给人一种想确认的感觉。

③ 电影订票系统需要介绍电影的大致信息，可以的话还可以放映一段电影的宣传片，引起购票者的兴趣。

① 本作品为应用的桌面插件——天气插件，简单地显示了天气预报的结果。

② 天气预报的插件不能显示太多的信息，所以只把重要的东西放在桌面上，宝石蓝的位置突出了是否有降雨、湿度、风速等信息。

③ 温度以黑色大号字体显示，在白色背景的衬托下清楚而醒目，旁边的太阳形状表示是一个晴天。

3.6.6　午夜蓝 & 皇室蓝

① 本作品为应用的桌面插件——邮件搜索。

② 午夜蓝色的魅惑，融合在桌面上，是一种沉稳大气的体现。简约的设计，节约了桌面的空间，方便了用户的使用，极具人性化。

③ 电子邮件的搜索形式设计，采用错落的颜色，给人在视觉上营造一种层次感，具有一定的梯度和纹理。

① 本作品为移动应用程序——天气预报。本图为气温时间图表页。

② 皇室蓝作为页面背景，是天空的颜色，给人一种高远宁静的感觉，页面布局干净清爽，通过线图表明了时间与气温的关系。

③ 这种背景更加凸显了白色文字和图标，下方的浅蓝色表示了降雪量。

3.6.7　浓蓝色 & 蓝黑色

① 本作品为移动应用程序——订票软件。左图可选择出发地、目的地，右图为日历，可选择出发日期、返程日期。

② 浓蓝色的背景通过渐变的颜色效果，给人一种动态、流动性的视觉效果。

③ 订票软件要具有强大的功能性，可以订返程票，选择出行日期，了解航班详细的信息。

① 本作品为移动应用程序——母婴软件。

② 深色的背景着重突出了婴儿车的图形，婴儿车的图形采用多彩的线条，使图标充满了活力。

③ 形象的婴儿车的图形简洁，让用户便于使用和了解，减少用户产生错误选择的可能性。

3.6.8 爱丽丝蓝 & 水晶蓝

① 本作品为移动应用程序——指南针，本软件可帮助人们辨别方向。

② 以爱丽丝蓝作为背景，通过形象的指针转动，与轮盘上的刻度相照应，显示出精准的方向信息。

① 本作品为移动应用程序——指南针，本软件可帮助人们辨别方向。

② 水晶蓝的背景，白色刻度，指针由红白两色相配。通过形象的指针转动和详细的地理位置数据，带给人们准确的方向信息，帮助用户在野外通过手机就可以辨别方向。

③ 指南针的应用主要凭借手机中拥有的电子罗盘配件，其输出的信号通过处理可以数字显示。

3.6.9 孔雀蓝 & 水墨蓝

① 本作品为移动应用程序——脑力测试，本应用可对用户进行脑力测试。

② 孔雀蓝的背景给人一种沉稳的感觉，具有科学的权威性；明亮的橘黄色的按键为确认的按键。

③ 页面布局结合图形文字，其介绍清楚详细，可以让用户快速了解应用开发的组成成员。

① 本作品为移动应用程序——理财软件，本应用可整理公司的财务绩效，同时可以和银行卡绑定。

② 水墨蓝的背景给人一种沉稳的感觉，通过条形图与文字的结合，给人直观的视觉效果。直观图通过颜色、感度的不同，对数据进行了总结。

③ 理财软件一般都可以绑定银行卡，以节省用户去银行排队办理业务的时间。

3.7 紫

3.7.1 认识紫色

紫色: 紫色是高贵神秘的色彩,运用在页面设计中,可尽显高贵神秘的气质,获得富贵、豪华的效果,具有一种高品位的时尚感,并体现应用的内涵,使用户一目了然地明白软件的含义。

色彩情感: 高贵、优雅、奢华、幸福、神秘、魅力、权威、孤独、含蓄。

紫 RGB=102,0,255 CMYK=81,79,0,0	淡紫色 RGB=227,209,254 CMYK=15,22,0,0	靛青色 RGB=75,0,130 CMYK=88,100,31,0	紫藤 RGB=141,74,187 CMYK=61,78,0,0
木槿紫 RGB=124,80,157 CMYK=63,77,8,0	藕荷色 RGB=216,191,206 CMYK=18,29,13,0	丁香紫 RGB=187,161,203 CMYK=32,41,4,0	水晶紫 RGB=126,73,133 CMYK=62,81,25,0
矿紫 RGB=172,135,164 CMYK=40,52,22,0	三色堇紫 RGB=139,0,98 CMYK=59,100,42,2	锦葵紫 RGB=211,105,164 CMYK=22,71,8,0	淡丁香紫 RGB=237,224,230 CMYK=8,15,6,0
浅灰紫 RGB=157,137,157 CMYK=46,49,28,0	江户紫 RGB=111,89,156 CMYK=68,71,14,0	蝴蝶花紫 RGB=166,1,116 CMYK=46,100,26,0	蔷薇紫 RGB=214,153,186 CMYK=20,49,10,0

3.7.2　紫 & 淡紫色

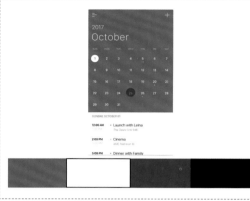 

① 本作品为移动应用程序——日历。本图为日历详细的界面，还有事件定时备忘功能。

② 紫色的日历背景，给人一种干净的感觉，通过小圆圈加深的为当时的日期，白色圆圈的日期为用户选择的日期，可以在此日期加上事件备注。

③ 日历最基本的功能是可以进行公农历、节假日、二十四节气查询。

① 本作品为移动应用程序——理财。本图为最近完成的支付账单的详情。

② 以白色为背景，中间的重要部分用淡紫色着重体现出来，给人一种清新、明亮的感觉，让人一目了然地就看到他们想看到的信息。

③ 理财软件可以更好地帮助人们记账，也可以在月底进行详细分析。

3.7.3　靛青色 & 紫藤

① 本作品为移动应用程序——烹饪菜谱。本图为菜谱内容详情页。

② 靛青色做背景，给人一种神秘的感觉，能更加吸引人们的目光，给人一种好奇感。

③ 可以根据单独的蔬菜搜索到菜谱合集，然后在菜谱标题下方标有所需时长，可以让人感受到便捷的使用效果。

① 本作品为移动应用图标——音乐。本图为音乐播放器的图标。

② 图标用紫藤色的圆角矩形，突出中间白色的耳机图标，让人一清二楚地明白这个应用的功能。

③ 通过在耳机图形内侧加上阴影，给人一种立体感，使图标更加生动形象。

3.7.4 木槿紫 & 藕荷色

❶ 本作品为移动应用程序——手机图标制作。通过本应用，可以选择不同的图形、背景制作自己的图标。

❷ 木槿紫背景带着一种神秘感，突出图标背景的颜色，可以使人更加关注图标的制作。

❶ 本作品为移动应用程序——一个表达用户奇想的软件。旁边图片为个人的介绍，人们可以关注、收藏等。

❷ 藕荷色给人一种素雅的感觉，整个软件具有一种文艺气息，使用户可以更想抒发自己的情怀，表达自己的想法。

❸ 这是一个可以抒发自己想法的软件，具有一定的艺术情怀。

3.7.5 丁香紫 & 水晶紫

❶ 本作品为移动应用程序——交友软件。本图左边为朋友分享出来的信息，右边为个人聊天的界面。

❷ 丁香紫给人一种淡雅的感觉，上方的标题栏为固定的颜色，为了区别两人聊天的信息，对话框的颜色为丁香紫和白色，符合整体布局，给人干净整齐的感觉。

❶ 本作品为移动应用程序——购票软件。左图为选定的目的地和出发地，右图为车次的信息，包括时间、价钱。

❷ 水晶紫作为地图的背景，通过同色系对比，为界面增加了层次感，视觉效果更加丰富。

3.7.6　矿紫 & 三色堇紫

① 本作品为移动应用页面——登录页面。

② 矿紫色的背景给人一种沉稳的感觉，作为登录界面使整个空间都显得素净、简洁。

③ 简约的界面风格，干净清爽、操作简单，方便用户的操作。

① 本作品为移动应用程序——智能咖啡机。本软件可以根据用户的需求泡出咖啡。

② 三色堇紫给人高贵、神秘的感觉，选择牛奶类型的背景为渐变色，标题栏为红色，突出了该页面的作用。

③ 用户通过手机操作咖啡机制作咖啡时，还可选择杯子大小和喜爱的牛奶类型，也可以调整牛奶用量和泡沫水平。

3.7.7　锦葵紫 & 淡丁香紫

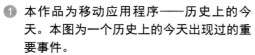

① 本作品为移动应用程序——历史上的今天。本图为一个历史上的今天出现过的重要事件。

② 图片以锦葵紫为基础色，在基础色上进行同色系的渐变，使整个页面产生了动感和流动性。

③ 通过本软件人们可以更加了解历史上的今天发生了什么，使人们更加了解历史。

① 本作品为移动应用程序——聊天软件。本图为聊天软件的登录页面。

② 淡丁香紫色象征着萌芽，使整个页面变得明亮轻盈，背景图片为自然山间的景色，充满了一种朦胧感。

③ 应用的登录页面还有聊天应用的图标，登录账户、密码，以及确认登录的按键。

3.7.8　浅灰紫 & 江户紫

❶ 本作品为移动应用程序——创建任务表，根据人们日常生活所需即可创建一个任务表，也可以根据用户日常生活所需做一个备忘录。

❷ 本软件界面配合夜晚的天空颜色，将页面设置为浅灰紫色背景，通过一个月亮的标志使页面更加形象。

❸ 中间有几个分类，当前是夜班的分类提示。

❶ 本作品为移动应用程序——电话会议。侧滑手机出现的侧边栏为个人中心。

❷ 以江户紫色为底的个人中心，布局简单干净，给人一种干练的白领气质。

❸ 本应用为办公时使用的沟通软件，可以进行多人同时连线，随时开启电话会议模式，不再拘泥于办公室的空间。

3.7.9　蝴蝶花紫 & 蔷薇紫

❶ 本作品为移动应用程序——计划制订与完成，帮助用户记录他们的计划及已经做完的工作，同时也可以用作日程的记录。

❷ 整个界面以紫色系的颜色为基调，蝴蝶花紫色在其中占据了大部分的面积，给人一种神秘的优雅感。

❸ 应用可以统计用户一共完成与要完成的时间，也可以通过文字、照片形式记录结果，同时用户也用做记录生活的软件。

❶ 本作品为移动应用界面——锁屏显示界面。

❷ 简单的锁屏界面，星空的蔷薇紫背景，给人一种神秘的浪漫感。

❸ 通过上滑圆圈就可以解锁屏幕，操作方便简洁。

3.8　黑、白、灰

3.8.1　认识黑、白、灰

　　黑、白、灰色："黑"是没有任何可见光进入视觉范围的颜色，一般带有恐怖压抑感，也代表沉稳；"白"是所有可见光都能同时进入视觉内的颜色，带有愉悦轻快感，也代表纯洁干净；"灰"是在白色中加入黑色进行调和而成的颜色。在 UI 设计中运用黑、白、灰，可以呈现出简洁明快、柔和优美的画面。

　　色彩情感：冷静、神秘、黑暗、干净、朴素、雅致、贞洁、诚恳、沉稳、干练。

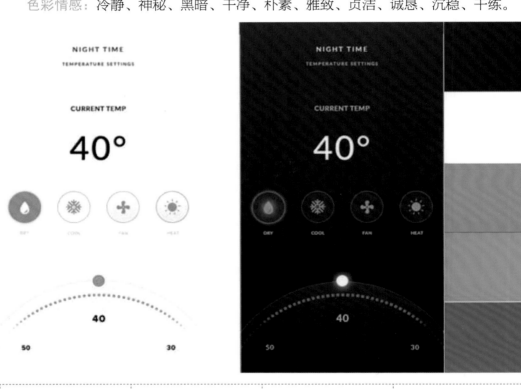

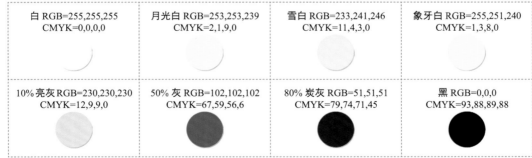

| 白 RGB=255,255,255 CMYK=0,0,0,0 | 月光白 RGB=253,253,239 CMYK=2,1,9,0 | 雪白 RGB=233,241,246 CMYK=11,4,3,0 | 象牙白 RGB=255,251,240 CMYK=1,3,8,0 |
| 10% 亮灰 RGB=230,230,230 CMYK=12,9,9,0 | 50% 灰 RGB=102,102,102 CMYK=67,59,56,6 | 80% 炭灰 RGB=51,51,51 CMYK=79,74,71,45 | 黑 RGB=0,0,0 CMYK=93,88,89,88 |

3.8.2　白 & 月光白

① 本作品为移动应用程序——时钟，本图为简易时钟的设计。

② 白色的方形钟表，通过中间圆形，在视觉上给人一种立体、突出的印象。钟面上具有的数字、指针，使简易的钟表更加形象。

③ 时钟作为较为关键的应用，图标也可以模拟真实时钟，进行报时。

① 本作品为移动应用程序——食材介绍，同时出售一些该食物的加工成品。

② 月光白作为页面的背景，详细地呈现食材的纹路，给人一种清晰的感觉。

③ 下方作为食材的推广，可以更好地吸引用户的注意力，给用户一些购买推荐，使用户体验到贴心的服务。

3.8.3　雪白 & 象牙白

① 本作品为移动应用程序——日历。本图为设置事件备忘的界面。

② 可以设置多个闹钟，雪白色为背景，给人一种干净清爽的感觉，通过红色的标志，提示人们要做的事情，还可以设置闹钟的提醒功能。

③ 通过仪表盘的造型设置，可以选择日期，彰显了用户的个性，给人一种灵活性、动感的感觉。

① 本作品为移动应用程序——健康软件。本图为分类界面的展示。

② 象牙白的界面更具有透明度，衬托出上方的五个分类，就早餐、午餐、晚餐、小吃、锻炼进行了分类。

③ 身体健康是现代人较为注重的问题，这个软件能帮助人们保持良好的体质，进行科学的养生保健。

3.8.4　10% 亮灰 &50% 灰

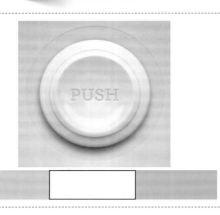

① 本作品为移动应用图标——按键图标。

② 亮灰色给人一种金属质感的印象，通过圆形的相互叠加和颜色的变化，在视觉上给人一种立体感，仿佛触碰就会按到按钮上，是一个非常形象的按钮图标。

① 本作品为移动应用程序——打车软件。本应用可以选定出发地、目的地，舒适度，也可以额外加钱。

② 采用水平排版方式，可使文字、图片整齐划一、对应有序。同色系的灰将页面进行平分，上方由三个圆形图片进行功能上的分类。

③ 确认键在屏幕右侧中间，绿色既给人一种确认的观感，又给人一种安心、完成的感觉。

3.8.5　80% 炭灰 & 黑

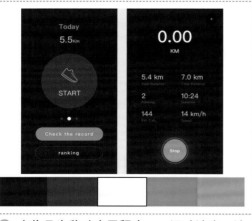

① 本作品为移动应用程序——运动计步、计时应用。这是记入用户步行的界面。

② 整个页面布局简单，以炭灰为背景，用清新的绿色作为开始颜色，红色作为停止颜色，在视觉上给用户清晰明了的感觉。

③ 右侧的图片就用户的运动信息进行了简单的分析。

① 本作品为移动应用程序——进程记录。

② 黑色的背景给人一种深沉、沉稳的感觉，让用户体验到一种严谨、冷静。

③ 页面布局以水平型为主，上部分区域给人形象的直观视觉感受，下部分区域为详细的完成时间和完成量。

第4章

APP UI 设计的元素

标志 \ 图案 \ 色彩 \ 字体 \ 导航栏 \ 主视图 \ 工具栏

UI 是指对手机应用进行人机交互、界面美观、操作逻辑的全面设计。所以不应仅仅追求好看、炫酷的界面，还必须从人们的实际使用出发，进行应用的设计，使每一种应用都具有操作起来更加简单、舒适的特点。

APP UI 设计中的元素包含标志、图案、色彩、字体、导航栏、主视图、工具栏等元素。

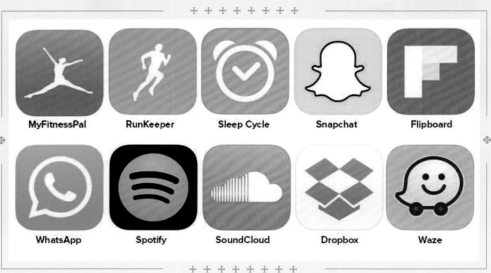

4.1 标志

　　标志是特殊的符号标记，以简单易懂的图形、物象、文字作为直观的语言，以简洁精练的形象表达一定的含义。标志作为视觉图像，具有广泛的认知性，可以根据人们的习惯、图形的相似度，进行对应的理解与使用，也可以作为全球通用的视觉语言。

　　特点。

◆ 标志具有简单、好记、易懂的特性。

◆ 具有广泛的认知性，在黑、白、灰或彩色背景下易被识别。

4.1.1 简约素雅的标志设计

目前字体标志是较为普遍的标志设计方式，通常是对某种现有的字体进行变形。同时也可以与一些简单的图形相结合，以使标志更加生动形象。

设计理念：通过文字与图形的结合，给人生动形象的视觉感受。

色彩点评：蓝色的文字给人一种冷静、理性的感觉，红色的使用突出了医院具有的人性化服务。

① 本应用是为医院的医疗保健专业人士开发的。其中包含一些图形元素，这些元素象征着新技术的传统用法。手机的形状表现了医学与科技的接轨，可以更快地与病人建立通信关系，把听诊器的线设计成心形，说明医生都在用心为每一位病人看病。

② 采用了传统卫生服务系统中通用的红色和蓝色，颜色符合人们的习惯，体现出一种干净、健康的感觉。

■ RGB=0,93,171 CMYK=91,65,9,0
■ RGB=225,82,61 CMYK=14,81,75,0

本作品为 YouTube 的图标，作为一个热门视频的共享网站，通过上面的图片，可以看到一个极为简洁干净的标志，简单的图标可以适应不同的移动设备，具有良好的通用性。

■ RGB=0,0,0 CMYK=93,88,89,80
■ RGB=225,151,86 CMYK=0,96,87,0

本作品为一个祈祷的应用，用户可以在应用中创建不同的祈祷方式。如果觉得可以帮助或拯救某人，可以与家人朋友进行分享来帮助他人。在图标的右侧通过简单的线条形象地表现了祈祷的动作。

■ RGB=96,96,96 CMYK=69,61,58,9
■ RGB=201,95,109 CMYK=27,75,46,0

4.1.2　趣味多彩的标志设计

　　采用图形作为标志是一种非常普遍的现象，既可以清晰明确地表明该应用的使用范围，不会使用户混淆。又可在运用上使颜色变得更加丰富多彩，增加标志的趣味性。

　　设计理念：结合现在人们喜欢在手机上晒美食图片的习惯，通过该应用拍摄的照片可以在手机联网的时候，进行图片上传并形成食物日志。

　　色彩点评：在有关食物的位置采用了土黄色，其他以深绿色作为背景进行衬托。

　　🔳 这款应用可以让你拍摄所有你享受的食物。然后你可以在网上查看你的食物日志，和朋友们一起看自己或他们的食物日志。

　　🔳 标志通过形象的设计，体现把食物拍到手机中的过程，结合文字"食物照片"，不会造成用户的混淆。

- RGB=65,116,120　CMYK=79,50,52,2
- RGB=162,112,41　CMYK=44,61,97,3

　　本作品为礼品商店的标志。该标志通过多彩的圆形背景突出了白色的礼盒图形，结合加深的文字"礼物商店"，通过图文的结合，表达了该标志的含义。

- RGB=227,7,17　CMYK=12,98,100,0
- RGB=255,203,0　CMYK=4,26,89,0
- RGB=175,203,7　CMYK=41,8,97,0
- RGB=36,187,240　CMYK=69,9,5,0
- RGB=76,81,85　CMYK=76,66,61,18

　　本作品作为环境资讯机构的标志。该标志通过蓝色与绿色的结合，给人一种清新自然的视觉效果，图标的设计以绿叶衬托蓝色的水滴，好似手掌保护水滴，以鼓励人类保护环境。

- RGB=23,150,105　CMYK=77,31,12,0
- RGB=119,193,70　CMYK=59,4,88,0

4.1.3 标志设计技巧——图文结合的设计方法

在现在的设计上往往简化了图形的线条，这样可能会造成用户的理解错误，所以在标志的设计上应采用图文结合的方法。图文结合既解决了单一图形可能产生的歧义，同时也解决了只有文字表述的单薄感，可使标志变得更加饱满充实。

本作品为应用商店的标志，鉴于现在手机大多数是基于两种系统进行开发的，所以各种应用的开发也被分为两类，不能通用。上方为安卓系统的谷歌应用商店，下方为苹果系统的应用商店。

本作品为 Windows Phone 的标识，通过特有品牌标识来表示系统，下方的文字体现系统应用在移动端，不会造成用户的混淆。

配色方案

双色配色	三色配色	五色配色

4.1.4 标志设计欣赏

4.2 图案

图案的设计可以表现为具体与抽象的图形。在应用中多采用重心型的版式设计，重心型版式易于产生视觉焦点，吸引用户的注意力。

特点。

◆ 具有生动性、易懂性。

◆ 将生活中的物品图形化，根据人们的习惯特性进行图案的设计。

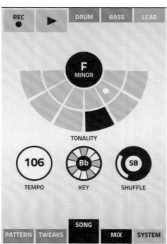

4.2.1 风格多变的图标设计

应用图标看起来很小，但非常重要。它是一个品牌的特有象征，可以使人一看到该图标就明确该应用的功能。

设计理念：参考马赛克的特点进行图标设计。通过简单图形的组合给人新颖的图案。

色彩点评：同色系的颜色进行填充，通过叠加和透明度创造该种类型的图标。

LIPPINCOTT
MARSH & MCLENNAN COMPANIES

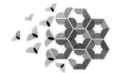

PRETTY POLLUTION
DUHA GROUP

BFIVE BRANDING & IDENTITY
INTERVENTION OF A MIRACLE

01D
LOYDFISH

多种形式的几何图形聚集在一个系列，覆盖的面积为可重复模式。作为马赛克模式而言，通过少量的元素可以创造一些复杂、漂亮的图标。

这些标识传播力的概念，结合数字时再创建一个元素的最大数额。这些图标基于一定的科学性，保证了图形的精准度与美观性。

■ RGB=19,177,212 CMYK=60,71,0,0
■ RGB=252,148,51 CMYK=0,54,81,0
■ RGB=239,107,154 CMYK=7,72,16,0
■ RGB=69,180,77 CMYK=70,88,6,0

本作品为一个地图导航的图标设计，可以在图标中看到隐隐约约的街道图，凸显中间的定位标识。定位图标呈现出一种立体的效果，彩色的图形，呈现出书籍翻页的效果。

■ RGB=140,90,195 CMYK=61,71,0,0
■ RGB=34,184,158 CMYK=72,4,49,0
■ RGB=255,198,55 CMYK=3,29,80,0
■ RGB=255,99,153 CMYK=0,75,35,0

本作品为一个免费的自行车服务应用。在倡导绿色出行的现代，越来越多的公用自行车应用出现。大面积采用绿色，体现了绿色出行、保护环境的理念，自行车可以沿着线路行驶到目的地。

■ RGB=27,188,155 CMYK=72,1,52,0
□ RGB=255,255,255 CMYK=0,0,0,0
■ RGB=231,110,112 CMYK=11,72,52,0
■ RGB=255,228,113 CMYK=5,13,63,0

4.2.2　应用界面的图案设计

在手机界面的设计中可以采用图案设计的方式，通过图形给人更加直观的视觉感受，图形的应用具有生动性与趣味性，所以能吸引用户的注意力。

设计理念：作为控制音量的应用，可以控制手机的响铃，同时也可以限定时间。

色彩点评：以蓝色为背景，可以凸显界面下方的图案，黄色作为一种具有警示含义的颜色，在使用时也具有提醒作用。

🔵 对手机响铃的应用进行了分类，通过对分类的选择，可以控制静音与静音时长。

🔵 在版式布局上，突出了图案的设计，使用户通过图标就可明白该应用的作用，便于操作。

■ RGB=21,179,227　CMYK=72,13,10,0
■ RGB=48,50,47　CMYK=79,73,74,48
■ RGB=253,255,94　CMYK=10,0,68,0
□ CMYK=0,0,0,0

本作品为一个闹钟页面的设计。该设计充满童趣的设计理念，采用了许多活泼可爱的颜色，给人一种小清新的感觉，闹钟具有一定的功能属性，所以使用齿轮作为背景，使人明白其是工具类应用。

■ RGB=124,205,206　CMYK=54,3,25,0
■ RGB=249,231,169　CMYK=6,11,40,0
■ RGB=241,152,146　CMYK=6,52,34,0
■ RGB=142,57,54　CMYK=48,88,81,16

本作品为家用电器的控制应用，该页面内容为监控洗衣机的洗衣。金属按钮上的箭头指向的是洗衣功能。"84%"是表示这次洗衣的进度，看到 100% 的时候，用户就可以取出衣服。

■ RGB=178,186,199　CMYK=35,24,17,0
■ RGB=111,119,140　CMYK=65,53,37,0
■ RGB=49,49,57　CMYK=82,77,66,42
■ RGB=27,123,171　CMYK=82,47,22,0

4.2.3 图案设计技巧——造型独特的图案

图形可以直观地表达其含义，相较于文字的含蓄，图形更加直观、形象。

作为阿迪达斯应用程序 UI 设计，把足球场放置在界面中间，通过设置阴影体现了立体感，使整个界面充满层次、具有动感性。

本作品为售卖饮用水的应用，水是人们不可或缺的物质，采用八个杯子的形状来提醒人们要喝水。但摄入量要根据个人体质进行调整。

作为帮助人们养成良好习惯的应用，页面中每个区域为一件所需做的事情，圆形中每一个图标都形象地为用户作出规划，完成的事件背景为白色。

配色方案

双色配色 三色配色 四色配色

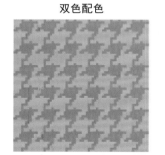

4.2.4 图案设计赏析

4.3 色彩

　　色彩在 UI 设计中是较为重要的一环，色彩可以使图标、界面变得更加生动有趣。同时色彩可以表达不同的情感，根据不同环境颜色具有的含义也不尽相同。例如红色具有热情积极的含义，同时也有警示的含义。

　　特点。

◆　呈现 UI 界面的整体结构。

◆　可以明确界面的层次构架。

◆　通过颜色可以使应用的界面主题一致化。

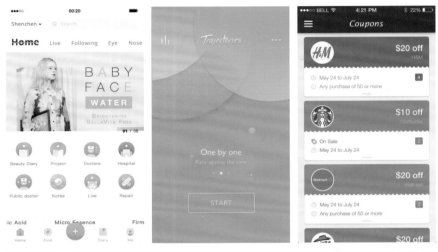

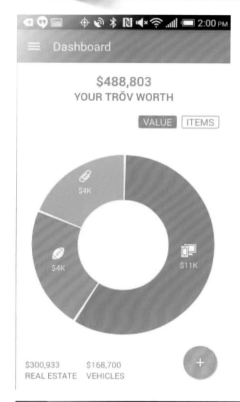

颜色在 UI 设计中是极为重要的，成功的颜色搭配可以产生过目不忘的效果。

设计理念：作为理财应用，通过环形统计图将用户这个月的花费进行分类，给用户直观的视觉感受。

色彩点评：查看环形统计图时，可以通过每个分类的背景颜色，知道自己在哪些方面花销比重较大。

① 通过颜色上的对比，呈现出直观的效果，使用户明确自己各类花销所占比重。

② 通过浮动工具栏，将工具都整合在一起，简化了界面，使界面更加整洁。

- RGB=255,255,255 CMYK=0,0,0,0
- RGB=3,154,198 CMYK=77,27,18,0
- RGB=120,207,194 CMYK=55,0,33,0
- RGB=234,113,105 CMYK=9,69,51,0
- RGB=255,112,67 CMYK=0,70,70,0

本作品中的应用是对于平板电脑日常使用的统计。通过对歌曲、相片、文件的统计，通过颜色对 3 种类型进行分类，可以看到近 5 个月使用情况的统计图。

- RGB=36,42,50 CMYK=86,79,68,49
- RGB=284,82,62 CMYK=0,81,70,0
- RGB=167,174,240 CMYK=40,31,0,0
- RGB=96,213,234 CMYK=57,0,15,0

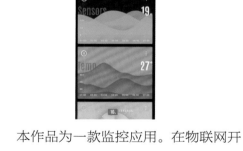

本作品为一款监控应用。在物联网开始流行的时代，用户可以用手机控制他们的财产、健康、家庭安全等不同方面。每个卡片的颜色都不相同，点击不同的卡片将显示实时信息。

- RGB=24,41,57 CMYK=92,83,64,44
- RGB=1,201,246 CMYK=67,0,8,0
- RGB=209,74,148 CMYK=23,83,11,0
- RGB=255,193,0 CMYK=3,31,90,0

4.3.2 单一色调的色彩设计

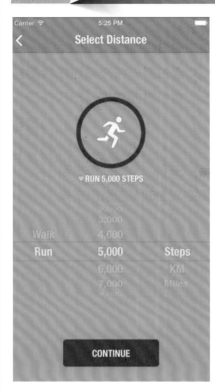

单色的色彩设计与极简风格相结合，其最大的优点就是清晰的界面，使手机界面变得更简洁。单色的使用可以提高用户的体验度，通过改变单一色调的饱和度和亮度，就可以产生多种颜色，赋予界面灵动性，使手机主题不会过于单调。

设计理念：作为指定个人目标的应用，本界面为计划跑步五千步，整个界面呈现出简洁的效果。

色彩点评：橘色可以给人带来一种积极向上的感觉。

🔴 圆形的中间是一个人在跑步的状态，使用户可以通过图形就明白自己制订的计划。

🔴 橘色可以给人鼓励、阳光的感觉，激励用户完成自己定制的目标。

■ RGB=255,112,76 CMYK=0,70,66,0
■ RGB=127,56,38 CMYK=51,85,93,24
□ RGB=255,255,255 CMYK=0,0,0,0

本作品为个人菜单的设置，通过同色系的颜色，颜色由红色到橙色，呈现出一种渐变的视觉效果，使页面不会过于单一。

■ RGB=0,0,0 CMYK=93,88,89,80
■ RGB=217,0,22 CMYK=18,100,100,0
■ RGB=229,125,26 CMYK=12,62,92,0
■ RGB=134,175,28 CMYK=13,37,90,0

本作品作为理财应用，本页面对用户八月的收入与支出进行了统计。蓝色环形的统计图为支出，通过蓝色的深浅进行了类别的对比。

■ RGB=212,205,199 CMYK=20,19,20,0
■ RGB=227,226,224 CMYK=13,10,11,0
■ RGB=150,123,96 CMYK=49,54,64,1
■ RGB=89,10,5 CMYK=56,99,100,49

4.3.3 色彩设计技巧——统计图的应用

统计图在手机软件中是较为常用的，作为理财应用、健身应用等，需要统计用户的各类花销、各种运动的锻炼量等，采用统计图可以营造一种直观的视觉效果。

采用了线性统计图，在颜色的选择上为同色系，给人一种渐变的视觉效果，具有舒适感。

作为理财应用，大多采用了环形统计图，环形由不同的颜色组成，便于进行分类区分，下方为详细的清单。

环形统计图的设计，通过颜色显示百分比，同时配有柱形图加以辅助，可以呈现直观的视觉效果。

配色方案

双色配色	三色配色	五色配色

4.3.4 色彩设计欣赏

4.4 字体

字体作为人们日常沟通的载体，最重要的是要让人们直观地认知。IOS 系统下常选择华文黑体或者冬青黑体，Android 系统则是英文字体采用 Roboto，中文字采用 Noto。注意在设计时，不要把字体设计得过于古怪，过于古怪会影响文字的可读性，同时字体的使用要与手机界面其他元素相平衡。

特点。

◆ APP UI 的字体字号最好不小于 11pt，这样才不会影响正常视距下的阅读。

◆ 应用各种不同的字体会体现不同的视觉效果。例如细线体、衬线体可以用在关于女性的应用上，可以体现女性优雅的特性。

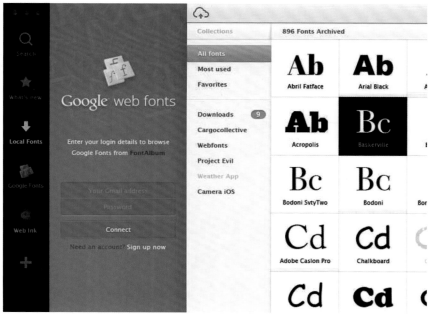

4.4.1 应用中的字体设计

在应用中虽然文字主要以用户易懂为主要导向，但可以通过简单的字体变形，展现应用自己的风格特点。

设计理念：通过从上到下进行整齐的路线排列，造成一种清晰明了的视觉效果，使用户可以找到适合自己的出行路线。

色彩点评： 黑色的背景凸显出以白色为底的标题，使用户看到自己所去的目的地。同时在白色的字体中蓝、绿也较为明显，具有提醒作用。

1️⃣ 本图片为地图导航的文字导航页面，通过路程顺序排列，给用户指定了到达目的地的路线。

2️⃣ 为了使用户对路线更加清晰，通过颜色进行区分，使用户对车辆的行驶路线更加了解。方便用户到达目的地。

- RGB=255,255,255 CMYK=0,0,0,0
- RGB=1555,53,58 CMYK=48,29,76,0
- RGB=0,163,255 CMYK=72,27,0,0
- RGB=138,218,5 CMYK=52,0,96,0

本作品为音乐播放器的播放界面，整个界面以音乐专辑封面为主，将英文字母打断重新排列，在红色背景的衬托下，白色文字可给人一种另类、独特的视觉感受。

- RGB=84,21,34 CMYK=60,96,79,48
- RGB=255,255,255 CMYK=0,0,0,0
- RGB=236,25,68 CMYK=7,95,65,0

本作品为手机应用的启动界面，以黄色作为背景衬托文字。通过文字的变形，将 H 中间设计成梳子的形状，将 A 进行了笔画上的简化等，同时对所有文字增加了投影，使其更具有立体感。

- RGB=255,202,103 CMYK=8,0,66,0
- RGB=0,0,0 CMYK=93,88,89,80
- RGB=41,171,223 CMYK=72,19,9,0

4.4.2 图标中的字体设计

图标中常有图文结合的画面，通过对文字的改动，可以使图标变得更加生动有趣，给人留下深刻的印象。

设计理念：将图标中的文字进行变化，使图标变得生动有趣。

色彩点评：绿色的"A"字作为桥体的设计，吸引了人们的注意力。

🔘 应用图标为桥的英文字母，将中间的 A 进行改动。通过将 A 字中间的横延伸到两端，变成了桥面。

🔘 作为移动应用的标志，它的作用是将人们彼此连接起来，就像一座桥把大家连接起来。

■ RGB=237,229,226 CMYK=100,100,64,51
□ RGB=255,255,255 CMYK=0,0,0,0
■ RGB=94,153,171 CMYK=71,0,56,0

作为苹果手机应用商店的图标，以蓝色作为背景，突出了白色的图标，图标中的文字以笔刷的形式拼接成一个 A 字，也与 APP 的首字母相照应。

■ RGB=29,137,228 CMYK=78,41,0,0
□ RGB=255,255,255 CMYK=0,0,0,0
■ RGB=0,0,0 CMYK=93,88,89,80

本作品为苹果系统应用商店的标志。使用图形与文字相结合的形式，黑色的背景突出了白色的图形标志。iPhone 的手机剪影形象地表达了手机的系统。

□ RGB=255,255,255 CMYK=0,0,0,0
■ RGB=0,0,0 CMYK=93,88,89,80

4.4.3 字体设计技巧——文字样式的修改

文字在 APP 的界面中拥有很重要的地位，要具有易读性，可以进行快速浏览。我们可以对文字样式中的颜色、字体大小、加粗、斜体、下划线等进行变化。同时要注意被修饰的文字最好不要超过整个文本的 10%，否则就会本末倒置、喧宾夺主。

本作品把标题文字加粗，使人们可以清楚地了解该文章主要的描述方向，吸引用户的注意力。

作为网络聊天应用，将应用的标志文字描边加粗，在白色背景的衬托下，更加突出应用的标志，增加用户的关注度。

在界面中同一个区域的文字最好使用同一个字体，如上图中的左图，游戏菜单混合了几种不同的字体，使整个页面变得支离破碎。而右图采用了同一字体，增加了界面的观赏性。

配色方案

双色配色

三色配色

四色配色

4.4.4 字体设计赏析

4.5 导航栏

导航栏是指侧面和顶部区域。通常在页眉横幅下面有一排水平的导航按钮，也有在右上角或者左上角上有一个简易汉堡包的图标，通过点击或者滑动页面，将导航栏都收集到同一个界面中。

特点。

◆ 起到索引的作用。

◆ 节约了移动端的界面空间，使其更有条理性、整洁性。

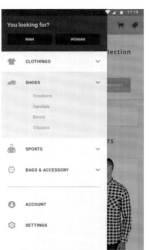
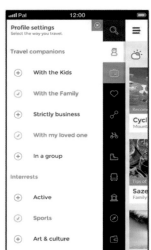

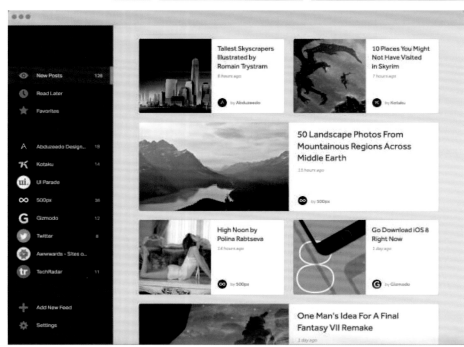

4.5.1 顶部与底部的导航栏设计

顶部与底部的导航栏一般相互照应对称设置，通过滑动就可以在页面上找到其他隐藏的功能。

设计理念： 作为一个便民应用，在地图上可以查找到所需的地点，对人们常去的地点进行了分类，将美食、酒吧、户外活动等地方进行了归纳，人们通过点击对应的图形就可以在地图上找到附近的地点。

色彩点评： 采用绿色作为标识，在灰色为基调的地图上凸显，抓住用户的眼球，吸引用户的注意力。

用户在搜索时，通过查找可以查询到附近同种类型的地点，根据地图上的标识符号进行筛选，选择自己想去的地点。

通过点击地图上的标识，可以查看更加详细的信息，方便用户进行选择。

上方的导航栏可以上滑隐藏，起到节省空间的作用。

RGB=173,173,173 CMYK=37,30,28,0
RGB=224,224,224 CMYK=14,11,11,0
RGB=51,51,51 CMYK=79,74,71,45
RGB=8,144,146 CMYK=81,33,45,0

本作品为食物制作的应用。作为底部导航栏，采用橘黄色的色彩与页面的绿色相呼应，工具栏的中间按钮为突出的设计，使简单的工具栏变得特别具有活力。

RGB=94,184,120 CMYK=65,8,66,0
RGB=82,162,102 CMYK=70,20,73,0
RGB=255,255,255 CMYK=0,0,0,0
RGB=242,189,11 CMYK=10,31,91,0

本作品为应用软件进行了导航栏的位置调换，将新版本与老版本进行了对比。相对于老版本的导航栏位置，新版本将导航栏放在底部，方便用户的操作，更加人性化。

RGB=168,170,149 CMYK=10,7,5,0
RGB=255,255,255 CMYK=0,0,0,0
RGB=57,15,87 CMYK=85,70,15,0
RGB=221,76,144 CMYK=17,82,14,0

4.5.2 "汉堡包菜单"的导航栏设计

汉堡包菜单，又称侧边栏导航。它的优点就是将功能集中，使页面不凌乱。通过汉堡包菜单的设置，将用户不常用的功能进行整合放进菜单中，可以使有限的屏幕空间展现用户最需要的功能，该设计可以让用户得到更好的体验。

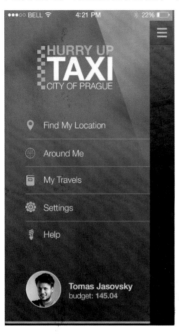

设计理念：左上角的图标设计，通过点击或侧滑会出现汉堡包菜单，将功能进行了整合。

色彩点评：现代感十足的背景，充满了工业化的气息，黄色作为点缀色，起到画龙点睛的作用，使整个界面更具有层次感。

🌐 本作品为一个打车软件，为用户打车提供服务。通过向右侧滑手机，就会出现一个导航栏的界面，将一些功能进行一定的整合，方便用户的查找与使用。

🌐 每个功能前的图标、"HURRY UP"、赛结旗等都采用黄色，明亮的黄色具有一定的提示作用，点缀了单一的界面空间。

■ RGB=89,100,104 CMYK=72,59,55,7
□ RGB=255,255,255 CMYK=0,0,0,0
■ RGB=240,199,0 CMYK=12,25,91,0

本作品为天气预报应用，用户通过向左滑动屏幕，就会出现侧滑的导航栏。其中有用户所关注城市的天气，有简单的天气预报。只要点击城市，就会出现其详细的预报。

■ RGB=223,81,80 CMYK=15,81,62,0
□ RGB=255,255,255 CMYK=0,0,0,0
■ RGB=74,70,97 CMYK=88,77,50,12

本作品为健身应用的侧滑导航栏页面，从主页向右滑动出一个导航栏，现对于传统的导航栏在手机页面顶部或者底部，整合了应用基本功能，具有图文相接的特点，节省了主视图的空间。

■ RGB=35,35,35 CMYK=82,78,76,59
□ RGB=255,255,255 CMYK=0,0,0,0
■ RGB=0,170,161,CMYK=76,13,45,0

4.5.3　导航栏设计技巧——适用屏幕旋转的设计

当我们打游戏、看视频时，手机的屏幕会自动旋转到适合我们视角的方向，基于这种功能，在 UI 设计时要考虑到不同的屏幕尺寸。

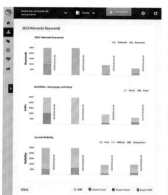

作为屏幕旋转下的导航栏，展现的东西也不尽相同。左边为竖屏模式，因为屏幕宽度不够，所以省略了导航栏中的名称文字，相较于左边的横屏模式，在宽度够宽的情况下，增加了导航栏的宽度，显示了各功能的名称。

配色方案

双色配色　　　　　　　　三色配色　　　　　　　　四色配色

4.5.4　导航栏设计赏析

4.6 主视图

主视图相当于手机的主页，主视图可将应用的重要功能与最新的资讯展现给用户，主视图还可以根据用户的习惯与喜好，进行相应的信息推送。

特点。

◆ 新闻资讯类应用主视图上一般出现的是最近较新的新闻。

◆ 在主视图页面上会根据用户的使用、搜索习惯，进行相对应的推送。

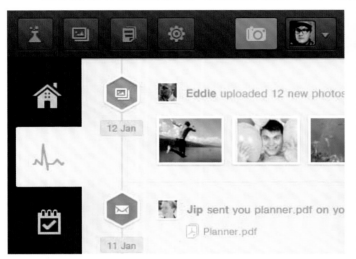

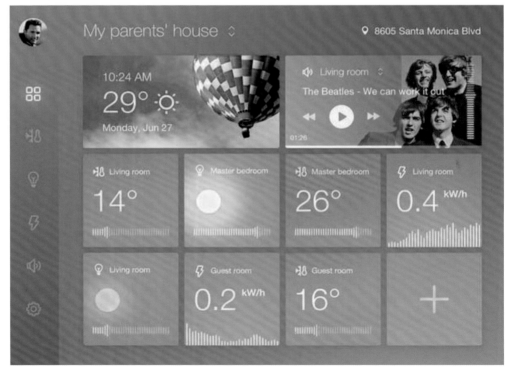

4.6.1 骨骼型的主视图设计

主视图采用骨骼型的版式设计，骨骼型是一种较为规范的、理性的设计形式。能够把复杂的内容简单化，给人一种有秩序、严谨的感觉。

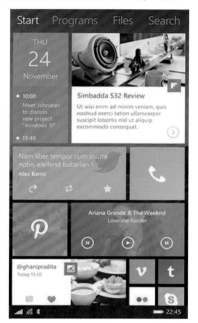

设计理念： 采用了骨骼型的版式设计，使界面具备了较为强大的功能性。

色彩点评： 通过颜色的运用使页面不会过于僵化、死板，给人一种充满活力的感觉。

① 本作品为 windows phone 的主视图，整个版面经合理化划分，充分利用了屏幕的空间。

② 每一个区域都有自己的专属颜色，将每一块区域结合到一起，为整个界面增添了跳跃感，也增加了页面的灵动性。

- RGB=30,61,108 CMYK=96,85,42,6
- RGB=97,142,223 CMYK=66,41,0,0
- RGB=160,213,81 CMYK=45,0,80,0
- RGB=102,105,212 CMYK=71,62,0,0

本作品为商务应用。作品采用骨骼型的版式设计。通过对关键词进行排列，左边的导航栏给人一定的引导性，给用户一定的阅读顺序。

- RGB=214,210,209 CMYK=19,17,16,0
- RGB=178,184,198 CMYK=36,25,17,0
- RGB=255,255,255 CMYK=0,0,0,0
- RGB=255,80,71 CMYK=0,0,0,0

本作品为旅游出行应用，在上面可以看到网友发的旅游攻略及其他一些景点的特写。用户可以根据他人的分享，规划自己的行程。采用骨骼型的版式设计，使页面变得非常简洁，更有秩序感。

- RGB=2238,235,228 CMYK=8,8,11,0
- RGB=255,255,255 CMYK=0,0,0,0
- RGB=5,171,162 CMYK=76,13,44,0
- RGB=255,127,140 CMYK=0,64,31,0

4.6.2 重心型的主视图设计

重心型的主视图以图形内容为主要设计对象，增强了视觉冲击力，让用户使用该应用时，能够抓住用户的眼球，吸引用户的注意力。

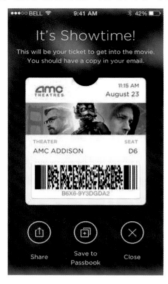

设计理念：作为电影院应用的取票界面，仿照实体票的形状做成电子取票码。

色彩点评：使用对比色，形成颜色上的对比，可以更加突出关键信息。

🎞 网上购物订票也是较为流行的一种趋势，购票之后会出现取票的电子码。

🎞 黑色的背景突出了白色的电子票，将用户的注意力集中在票上。

RGB=255,255,255 CMYK=0,0,0,0
RGB=0,0,0 CMYK=93,88,89,80
RGB=215,11,46 CMYK=19,99,84,0

本作品为天气预报的界面，可以使用户一目了然地看到今天的天气，同时底侧的位置预报了未来四天的天气情况，通过生动形象的图形给人以直观感受。

RGB=226,222,218 CMYK=14,12,13,0
RGB=202,151,91 CMYK=27,46,68,0
RGB=208,188,112 CMYK=25,26,62,0
RGB=134,142,137 CMYK=55,41,44,0

本作品为天气预报应用的主页面，在页面的中间有该地区著名景点的卡通图形。在上面可以看到温度和最近七天的天气预测。同时背景在天黑的时候会变为紫色，白天为橙色。

RGB=246,169,79 CMYK=5,43,72,0
RGB=255,255,255 CMYK=0,0,0,0
RGB=96,105,174 CMYK=72,61,8,0

4.6.3 主视图设计技巧——采用不同的设计版式

版式设计是一种重要的视觉传达手段，通过合理的布局，将文字、图片等元素在页面中进行有机的结合。可以使界面更好地体现其内容，提高用户的使用满意度。

本作品为咖啡应用，个人常喝的咖啡口味的统计，采用了对称的版式布局，均匀分割的页面给人整齐的感觉。

整个界面的布局采用均匀的分割，呈现出九宫格的形状，带给用户一种清新干爽的感受。

作为运动计步器应用，采用了重心型的版式设计，使用户可以清楚地看到自己的完成进度，同时绿色具有健康的含义。

配色方案

双色配色

三色配色

四色配色

4.6.4 主视图设计赏析

4.7 工具栏

工具栏顾名思义就是综合各种工具，把他们整理在一个区域中，方便用户查找与使用。工具栏为位图式按钮行的控制条，用户可通过位图式按钮对应用进行一定的操作。工具栏中的按钮可以作为菜单选择项和菜单具有相同的功能，可以通过工具栏中的按钮直接链接到界面。

特点。

◆ 使界面更加干净整洁，便于使用者使用。

◆ 工具栏具有整合所用工具的作用，节省了界面的空间。

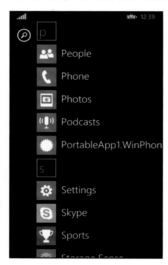

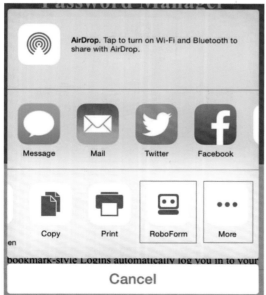

4.7.1 固定工具栏设计

固定工具栏一般应用在手机软件的上方或者下方，它们是应用中主要功能的集合，具有固定的位置，相当于一个应用的菜单，因此不会跟随应用的内容信息而变动。

设计理念：作为一个社交应用，将一些功能整合在上方工具栏中，可使整个界面变得整洁且具有条理性、功能性和美观性。

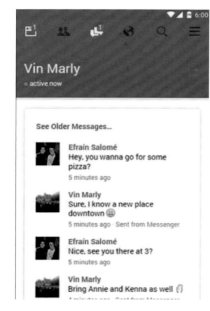

色彩点评： 标题工具栏为深蓝色，主页面为白色，两者相互衔接，呈现出干净的简洁画面，使人可以更加关注信息内容。

❶ 上方的工具栏将常用的功能放在页面上，其他的集合在"汉堡包菜单中"。

❷ 用户通过固定的工具栏和全屏模式，可以浏览更多内容，减少其他干扰性。

❸ 工具栏中每一个工具图标右上方有一个角标，通过角标可以看到新的消息，用户可以及时进行回复。

■ RGB=69,98,158 CMYK=80,63,18,0
□ RGB=255,255,255 CMYK=0,0,0,0
■ RGB=220,71,75 CMYK=16,85,64,0

本作品为书籍阅读应用选择，用户的手机拥有多个阅读器时，在手机下方会出现一个工具栏，上面有手机中阅读器的图标及名称，用户可以根据需求进行选择。

■ RGB=153,153,153 CMYK=46,38,35,0
□ RGB=255,255,255 CMYK=0,0,0,0
■ RGB=254,162,4 CMYK=1,47,91,0
■ RGB=141,193,251 CMYK=47,17,0,0

本作品为移动学习应用，当你打开你的课程，需要通过外部链接时，在屏幕底部的工具栏中点击图标，可以请求桌面网站，进行相应的内容扩展链接。

■ RGB=32,82,98 CMYK=89,66,55,14
□ RGB=255,255,255 CMYK=0,0,0,0
■ RGB=118,221,110 CMYK=55,0,71,0
■ RGB=29,111,241 CMYK=82,56,0,0

4.7.2 浮动工具栏设计

浮动工具栏是根据用户的实际需求而设计的，相较于固定工具栏具有一定的灵活性，用户可以根据自己的需求进行相应的设置。

设计理念： 在右下角采用浮动工具栏的设计，将一些功能集合在一起。

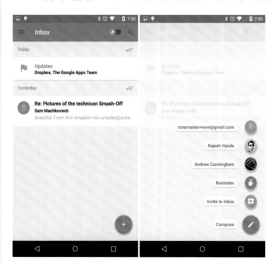

色彩点评： 集合的功能图标为红色圆形，中间的加号表现为功能的集合。

🎨 通过两张图做对比，可以充分地展现浮动工具栏的特点，将一些重要的功能整合在一起，通过图标和文字介绍表明该功能的作用。

🎨 当打开浮动工具栏的时候，背景会变为浅色，可突出功能的图标。

■ RGB=66,133,244 CMYK=74,47,0,0
□ RGB=236,236,236 CMYK=9,7,7,0
■ RGB=219,68,55 CMYK=17,89,78,0

本作品为手机浮动工具栏的介绍，作为新手机，当用户第一次使用时，会处于一个类似于新手教学的状态，图片中的内容为浮动工具栏的使用方式与文字介绍。

本作品为社交软件上个人的文章界面，通过浮动工具栏，可以进行评论，添加地点、图片、下载文章图片等功能。将3个功能进行整合，使页面更加干净整洁。

■ RGB=3,2,1 CMYK=92,87,88,79
■ RGB=178,186,210 CMYK=35,25,10,0
■ RGB=105,22,72 CMYK=65,100,55,22
■ RGB=226,60,4 CMYK=13,88,100,0
■ RGB=32,163,205 CMYK=74,23,17,0

■ RGB=225,226,231 CMYK=14,11,7,0
■ RGB=217,40,39 CMYK=78,95,90,0
■ RGB=59,157,0 CMYK=75,20,100,0
■ RGB=250,137,26 CMYK=1,59,88,0
■ RGB=59,88,153 CMYK=84,69,18,0

4.7.3 工具栏设计技巧——带搜索功能的工具栏

工具栏为工具集合的功能条,将主要体现出的功能进行合并,合并在一个区域之中。既可营造一种特别的视觉效果, 又可起到方便用户的作用。

作为浮动工具栏,将一些基本功能进行整合。通过集合在一个浮动工具栏上,可以快捷方便地进入应用中,同时具有搜索功能,可以进行本地的搜索和网上搜索。

作为网上云盘的桌面浮动工具栏,可以在搜索栏中输入关键字进行查找。下方有一个过滤装置,可以就搜索的文件类型进行挑选,方便用户更加快捷地找到所需的数据。

配色方案

双色配色

三色配色

四色配色

4.7.4 工具栏设计赏析

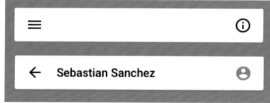

4.8 设计实战：社交软件用户信息界面设计

4.8.1 设计思路

应用类型：社交类软件。

面向对象：高端商务群体。

项目诉求：此应用专为高端人士量身定制，以在保证基本"信息安全"的前提下进行"高质量"的交流为主要诉求。主要特征是软件操作轻便化，使用过程中不会受到垃圾信息的骚扰。

设计定位：根据轻便、安全、高端等特征，界面在设计之初就将整体风格确立为简约时尚。在整个界面中，以用户照片和用户自选图像为主要图形，头像上方背景图可根据个人喜好而变换，如建筑物、风景画、山水画等，以此满足用户的个性需求。

4.8.2 配色方案

本案例选择了对比色配色方式，冷调的红缺蓝和暖调的橙色，这两种颜色在彼此的映衬下更显夺目。

主色：界面主色灵感来源于孔雀羽毛，从中提取了高贵、素雅的孔雀蓝作为主色。孔雀蓝既保持了冷静之美，又不失人情味，具有一定的品位感。

辅助色：由于主色的孔雀蓝属于偏向于冷调的颜色，若采用过多冷调的颜色，则容易产生冷漠、疏离之感。而利用暖调的橙色则可以适度地调和画面的冷漠感。

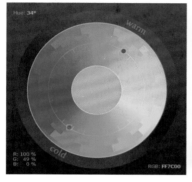

点缀色：点缀以高明度洁净鲜丽的青色，为孔雀蓝和橙色的偏暗搭配增添了一抹靓丽。青色与孔雀蓝基本属于同色系，但明度更高一些，使用青色能够有效地提高版面的亮度。

其他配色方案：除了深沉、稳重的暗调配色方案外，我们还可以尝试高明度的浅蓝搭配暖调的淡红色，同样是冷暖对比，但是两种低纯度的颜色反差感并不是特别强烈。清新的果绿色调也是一种很好的选择，适用人群更加广泛。

4.8.3 版面构图

整体界面以模块化区分为主，主要分为三大模块，界面上部为可置换背景照片，下部为孔雀蓝色块，人物头像在两个模块之间，用户信息文字在人物头像下部。整个界面以一种中心型的方式编排，用户信息位于版面中央，起到一定的聚焦作用，让人一眼就能看到主题。

当前的用户信息页面是一种比较简洁的显示方式，用户的相册信息并未能够显示在本页上。如果想要进一步展示用户信息，可以将用户头像以及姓名等基本信息摆放在版面上半部分，下半部分的区域用于相册的展示。也可以将人物头像图片替换版面上半部分的自定图片背景，更有利于用户头像的展示。

4.8.4 色彩

色 彩	分 析
 设计师清单：	● 本案例选择冷调的红缺蓝和暖调的橙色，这两种颜色在彼此的映衬下更显夺目。 ● 界面主色灵感来源于孔雀羽毛，从中提取了高贵、素雅的孔雀蓝作为主色，给人一种高端的感觉。

4.8.5　字体

字　体	分　析
  设计师清单： 	● 通过左右两张图片的文字对比，左图中的字体较为纤细，能给人一种修长的感受。 ● 通过细线体展现女性的独有特点，苗条纤细、高贵典雅。 ● 而右侧将字体变为粗体，字体会分散用户的注意力，使界面呈现出一种笨拙的感觉，不够灵巧。

4.8.6　导航栏

导航栏	分　析
 设计师清单： 	● 导航栏的设计采用标签的方式，通过标签上的颜色变化，表明正在打开的界面为哪一个界面。 ● 正在访问的界面标签采用的颜色与该界面的背景颜色相一致，在视觉上可造成柔和的视觉效果。

第5章

APP UI 设计的行业分类

游戏 \ 社交 \ 购物 \ 工具 \ 生活 \ 娱乐 \ 阅读 \ 拍摄美化 \ 新闻

随着科技的高速发展，智能手机不断更新换代，手机的屏幕越来越大，呈现给人们的视觉效果也越来越好。对于手机 UI 设计的要求也在逐渐提高，其中主要针对软件界面、操作逻辑、人机互动的设计。也可以根据应用行业进行 UI 设计的分类，主要分为游戏、社交、购物、工具、生活、娱乐、阅读、拍摄美化、新闻等九大方面。

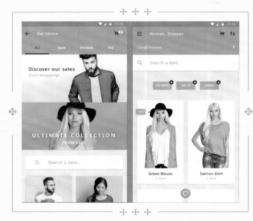

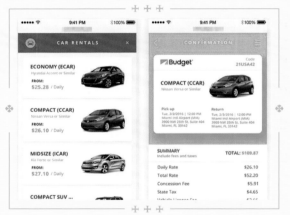

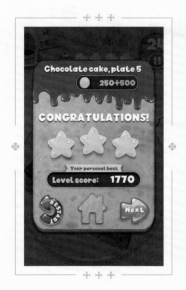

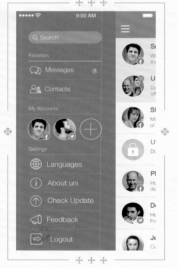

5.1　游戏类 APP UI 设计

　　游戏类 UI 设计主要针对游戏的图标、登录界面、游戏界面、局内道具等方面进行设计。游戏分为网页游戏、客户端、移动端等，本章主要就移动端的 UI 设计进行介绍。

　　特点。

◆　游戏 UI 设计首先应该考虑到良好的人机交互界面。

◆　其次要考虑到游戏界面的操作逻辑、界面美观，使用户在感观上得到良好的视觉体验。

◆　要具有一定的大众娱乐性、互动沟通性、真实角逐性。全民参与的游戏可以以任何人为服务对象，给大家带来欢乐。游戏也可成为人们沟通的话题之一，具有一定的社交性质。

5.1.1 游戏类 APP UI 设计——休闲类游戏

当前，手机已然成为人们日常生活必不可少的一部分，而休闲类游戏往往就可以打发空闲时间。这类游戏的基本特点都是上手时间较短，不必花费过多的精力与财力，游戏中途可以随时中止。休闲类游戏是在劳作之后进行放松的娱乐方式，而不是让用户为之着迷而忘了正业。

设计理念：棋牌类的休闲类游戏，为双人对抗模式，可以在闲暇时间与朋友进行游玩。

色彩点评：橘黄色与橙色相互搭配，给人一种暖暖的视觉感受，可以使人专注于游戏中。

🔴 游戏为休闲类的小游戏，便于人们放松心情。

🔴 以红色作为整体背景，橘色作为游戏区域的背景，很好地划分了区域空间。

🔴 橘色和红色为邻近色相互搭配，可使页面更有层次感，使人产生舒适、和谐的感觉。

- RGB=255,174,22 CMYK=1,42,88,0
- RGB=214,78,52 CMYK=20,82,82,0
- RGB=98,54,29 CMYK=58,79,97,38

本作品为飞行类游戏过关界面，游戏结算界面中间突出了三颗橘黄色的星星，满星则代表完美通关，两颗或一颗则表示虽然通关却有不足。

- RGB=44,99,102 CMYK=85,56,58,9
- RGB=255,139,0 CMYK=0,58,91,0
- RGB=7,99,174 CMYK=89,61,9,0
- RGB=255,255,255 CMYK=0,0,0,0
- RGB=34,178,215 CMYK=72,13,16,0

本作品作为双人对战的休闲类游戏，通过在表格中填写 OX，使对方不能成排连接起来。游戏页面结合星球形状，通过配色创造一种深度感，可使界面拥有立体空间感。

- RGB=71,60,111 CMYK=,84,87,39,3
- RGB=255,255,255 CMYK=0,0,0,0
- RGB=206,201,227 CMYK=23,22,2,0
- RGB=234,92,117 CMYK=9,77,38,0
- RGB=70,175,228 CMYK=67,19,6,0

5.1.2 游戏类 APP UI 设计——动作冒险类游戏

冒险类游戏通常指需要玩家自己操控角色进行冒险的游戏，通过游戏中的 NPC 进行任务交互来推动游戏情节发展。每款冒险类游戏都有自己独特的装备系统，同时可以看到角色的基本属性信息，还可以根据用户自己的喜好与道具的好坏配置装备，从而更顺利地通关。

设计理念：游戏过关的结算页面，采用直线线条设计，给人一种简洁之美。

色彩点评：黑色背景下突出了黄色的结算区域。

🔵 本作品为勇士闯关游戏的结算页面，设计中以六边形图形为主，下方的四边形为底层图案，凸显出页面的层次感。

🔵 勇士闯关类游戏，在界面中应用皇冠、勇士头像、佩剑等图像，使用户可以沉浸在游戏的设定情景中。

- RGB=0,0,0 CMYK=93,88,89,80
- RGB=252,176,41 CMYK=3,40,84,0
- RGB=172,48,36 CMYK=39,93,100,5
- RGB=103,169,19 CMYK=65,17,100,0

本作品为游戏中的人物版面设置，可以对人物身上的道具进行更换升级。游戏风格偏向原始部落，在 UI 界面设计上采用木纹、石纹的图案，颜色也以自然色作为基调。

- RGB=181,149,111 CMYK=36,44,58,0
- RGB=196,179,159 CMYK=28,31,37,0
- RGB=29,137,26 CMYK=82,33,100,0
- RGB=236,167,28 CMYK=11,42,90,0
- RGB=194,40,4 CMYK=31,95,100,1

本作品为偏向暗黑系的游戏 UI 设计，本页面为人物的背包设计，对背包中的装备进行点击就可穿戴，同时还包括消耗品和一些任务道具，可以进行登记和与 NPC 的交易。

- RGB=61,38,20 CMYK=68,79,95,56
- RGB=3,36,51 CMYK=98,84,66,50
- RGB=0,131,167 CMYK=83,41,29,0
- RGB=146,155,53 CMYK=52,34,93,0

游戏类 APP UI 设计技巧——游戏结束界面中评星的妙用

　　游戏关卡结束的时候总会出现一个评分总结页面，有的是采用数字，有的则采用图形给人一个直观的视觉感受，星型图形就是最常见的一种，通过直观的图形盈缺体现了用户的成绩。

　　该界面为游戏过关界面，采用评星的设计方式，相比分数而言能给人更直观的视觉感受，下方则是对成绩的详细数据分析。

　　该界面为三星通过本关卡，黄蓝的色彩搭配使整个界面更具动感，下面为过关奖励，通过下方选项可以回到主页面，也可以继续进行游戏。

　　该游戏界面版面相对简约、干净，中间以用户头像为主，黄色的星星给人一目了然的视觉感受。联网游戏结束后还可以查看游戏中的排名。

配色方案

双色配色

三色配色

四色配色

游戏类 APP UI 设计赏析

5.2　社交类 APP UI 设计

　　社交类软件支持手机通过网络发送文字、语音、视频、图片给好友，还可以根据定位查询附近的人以及通过个人页面分享自己的生活，同时也可以作为日常消费的移动钱包。此外，社交类软件还解决了跨越地区、种族、时区、文化差异的问题，扩大了人们的交友范围。

　　特点。

◆ 在聊天中可以发送图片、表情，增加了沟通的趣味性。

◆ 聊天界面不再单调古板，具有多重性，自由性

◆ 社交类软件可以满足随机性、即时性的社交需求。

◆ 相较于面对面的交友方式，通过手机应用交友具有一定的隐私性。

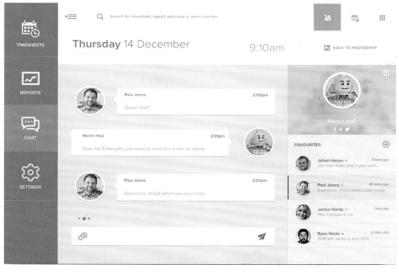

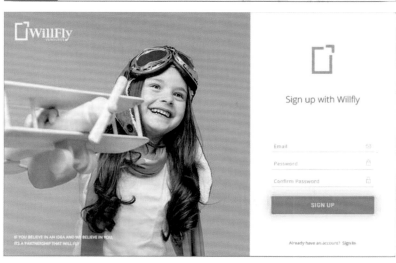

5.2.1　社交类 APP UI 设计——电话短信

手机最为基础的功能为通话与短信功能，随着科技的发展与设计师的创新，现在的手机界面已不再像以前一样呆板单调。在界面的设计上更加注重功能性，现如今可以自定义联系人头像和聊天背景，使用户操作更方便。

设计理念：用户通话界面的设置，布局简单但功能强大。

色彩点评：以蓝色作为基调，给人一种安静、素雅的视觉感受。

❶ 重心型的版式设计，突出了联系人头像与名称，使用户一目了然地知道来电用户是谁。

❷ 醒目的红色具有警示作用，提醒用户按下此键之后，电话就会被挂断。

■ RGB=32,106,167 CMYK=86,57,17,0
■ RGB=17,66,107 CMYK=96,81,44,8
■ RGB=204,82,58 CMYK=25,81,79,0

本作品为短信聊天的界面，使用户可以清晰明了地看到短信记录，通过对话框颜色的不同可以区分短信的收发人，从视觉上起到了区分作用。

■ RGB=102,94,91 CMYK=68,62,60,11
□ RGB=255,255,255 CMYK=0,0,0,0
■ RGB=53,152,220 CMYK=73,32,2,0
■ RGB=47,204,113 CMYK=68,0,71,0

本作品为用户的通话界面，在原本极简风格的基础上加上了自定义头像显示和视频聊天功能，通过简易的线条就划分了界面区域，简易却不简单。

■ RGB=62,82,107 CMYK=83,70,48,8
□ RGB=255,255,255 CMYK=0,0,0,0
■ RGB=110,128,153 CMYK=64,48,31,0
■ RGB=91,207,72 CMYK=62,0,86,0
■ RGB=230,87,105 CMYK=11,79,46,0

5.2.2 社交类 APP UI 设计——聊天交友

人们通过聊天软件沟通情感，相对于短信与通话功能，聊天软件具备了更多的社交性，使人们拥有更多展示自己的空间。

设计理念：用户在聊天中可以加入图片、表情，使用户之间对话更有趣。

色彩点评： 浅色简单的背景，可以凸显表情与文字信息。

⬤ 本作品为社交软件的聊天页面，体现了聊天软件的多功能性。

⬤ 社交类聊天软件具有发送表情的功能，把表情按一定类别进行分类，整齐工整地排列，每页最多摆放八个表情。

▦ RGB=229,234,240 CMYK=12,7,4,0
▦ RGB=216,216,218 CMYK=18,14,12,0

本页面为社交软件的个人主页，用户可以通过文字和照片的形式将自己想展示的动态发表出来，也可以观看自己所关注好友的动态。当然还可以对自己的隐私进行保护设置，选择自己的空间具体对哪些人开放。

■ RGB=73,87,158 CMYK=81,71,13,0
□ RGB=255,255,255 CMYK=0,0,0,0
■ RGB=114,113,173 CMYK=65,58,11,0

本应用可以查找附近的新朋友，以用户为基点，通过定位功能在一定范围内进行查询。页面会根据距离的远近来显示附近用户，同时会显示对方的头像、昵称、年龄，方便人们根据自己的兴趣相互添加。

■ RGB=57,48,91 CMYK=88,92,47,15
■ RGB=164,101,205 CMYK=50,66,0,0
■ RGB=41,195,169 CMYK=69,0,46,0

社交类 APP UI 设计技巧——图片在骨骼型版式设计的妙用

　　采用骨骼形的版式设计，将图片与文字在规定的空间中放置，给人一种严谨、稳定的感觉。社交类应用的设计中，通过视频、图片等更加形象的方式进行交友，可以使人们之间相互更加了解。

　　现在交友的过程中，不仅仅是通过文字聊天的方式，随着科技的高速发展，人们还可以通过视频、照片等方式更加直观地了解对方。

　　本作品采用骨骼型的版式设计，页面的文字、图片按照一定的比例进行划分。使整个页面更为简洁，更具秩序感。

　　本作品为交友软件的个人主页，主要照片墙为主，用户上传照片，他人可以根据个人主页上的照片对其有一个初步的了解。

配色方案

双色配色

三色配色

四色配色

社交类 APP UI 设计赏析

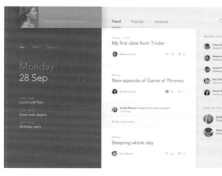

5.3 购物类 APP UI 设计

随着移动互联网飞快的发展，网上购物已从电脑网页向移动端发展，不再局限于一定的场所，可以随时随地地进行购物。在家里手指轻轻点一点屏幕，就可以购买到理想的商品，使购物变得更简单方便。

特点。

◆ 用户使用方便快捷，相对于线下实体店的销售，突破空间、时间上的约束，可以随时随地地进行购物。

◆ 购物类应用界面可以图文并茂地对产品进行描述，给人更直观的视觉感受。

◆ 通过手机可以直接与商家聊天，更加了解产品的功能。同时也方便商家进行商品的管理。

5.3.1 购物类 APP UI 设计——服装类

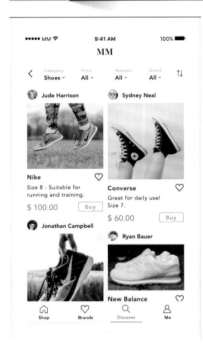

衣食住行是人们生活的必要条件，购物应用中主要以穿为主，本节主要以服饰、鞋类等穿着方面的页面进行分析。

设计理念：作为一个购物类的手机应用，采用对称的版式设计，可使整个页面整齐有序。

色彩点评：白色的背景，突出了文字及图片给人带来的视觉效果。

采用对称性的布局方式，图片与文字相结合，给购买者直观的视觉印象。

把购买者关注的价格信息以蓝色字体标记，同时加粗的黑色字体，突出了鞋子的品牌，红色的线条区域突出了购买按键。

RGB=255,255,255 CMYK=0,0,0,0
RGB=57,48,91 CMYK=88,92,47,15

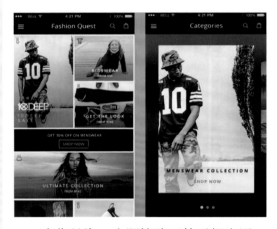

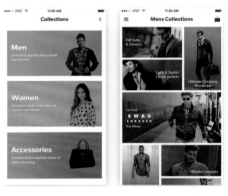

本作品为一个服饰购买的手机应用，左边页面采用突破型的版式设计，以不规则的排列打破了拘谨的常见版式，提升了页面的跳跃率，以吸引用户浏览。

RGB=255,255,255 CMYK=0,0,0,0
RGB=59,48,46 CMYK=74,76,74,48
RGB=249,73,73 CMYK=0,84,64,0

本作品为购物类应用界面，首页主要对受众人群进行了分类，其次根据其中的一个类别又进行了细化，前一个页面采用平行版式设计，后一个为突破版式设计，以引起用户的关注。

RGB=255,255,255 CMYK=0,0,0,0
RGB=71,157,241 CMYK=70,30,7,0
RGB=243,78,95 CMYK=3,82,50,0
RGB=124,81,212 CMYK=70,73,0,0

5.3.2 购物类 APP UI 设计——产品类

日常生活中，人们也需要一些家具、电器、数码产品等物品。相应地也存在具有销售单一性质物品的应用。这些软件往往使人们的生活变得更加便利、快捷。

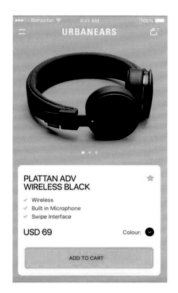

设计理念：采用重心型的版式设计，给人直观的物品信息。

颜色点评：浅色背景突出物品的外观，下方采用黄色按键，起到提醒的作用。

1 页面一半的空间为商品的图片展示，给购买者物品直观的造型印象。

2 下方为简易的文字介绍，介绍其功能与特点，同时写上用户较为关注的价钱。黄色的按键区域为用户确定购买，添加到购物车中。

RGB=255,255,255 CMYK=0,0,0,0
RGB=194,197,188 CMYK=28,20,26
RGB=255,200,65 CMYK=3,28,78,0

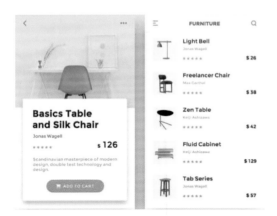

本图片为买卖家具的应用界面，主要以纯白色为主，凸显家具的图片，黑色的字体在白色背景下更加清晰，给人明确的视觉观感。淡青色的按键与星级评价起到了点缀的作用。

本页面为手表分类，采用对称型的版式结构，每个物品均匀地分割页面，使页面给人一种很严谨的感觉，同时简单清爽的布局带来一种很强的形式美。

RGB=226,238,239 CMYK=14,4,7,0
RGB=255,255,255 CMYK=0,0,0,0
RGB=123,212,220 CMYK=53,0,20,0

RGB=255,255,255 CMYK=0,0,0,0
RGB=221,221,221 CMYK=16,12,12,0
RGB=74,180,227 CMYK=66,16,8,0

购物类 APP UI 设计技巧——对称型版式设计的妙用

对称型的版式设计带给人们一种稳定和安全感，购物类应用多以"绝对对称"作为布局方式，这种构图方式是最为方便且视觉效果较好的一种方式。

  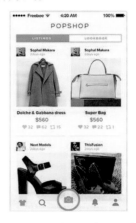

纯白的页面背景上进行了对称型的版式排列，文字、图片在一定的区域内进行放置，整个页面呈现出一种均衡的美感。

以页面中间进行对称分割，两侧为物品的图片介绍，给人带来干净、整齐的视觉效果。

"绝对对称"的布局会给人带来一种单调，古板的感受，所以在导航栏与功能键中采用了绿色作为点缀色，为版面增加了层次感。

配色方案

双色配色

三色配色

五色配色

购物类 APP UI 设计赏析

   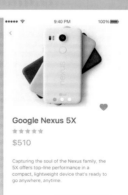

5.4　工具类 APP UI 设计

　　随着数码信息的不断发展，智能手机功能越来越强大，不仅包含了之前的通话、短信功能，还可以通过一些工具类应用在现实生活中使用。工具类应用有很多，比如闹钟、便签、地图导航、天气预报、计算器等。这些都使人们的生活变得更加方便、舒适。

　　特点。

◆　提高人们的工作效率，合理安排人们的时间规划。

◆　手机整合了大多数工具，方便人们出行。对于出行需要携带的一些工具，带上一个手机就可以了。

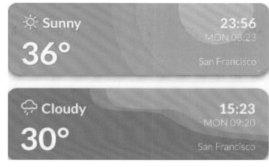

5.4.1 工具类 APP UI 设计——地图导航

随着城市中道路、地铁、高架桥的修建，交通更发达便利，使城市越来越现代化，但是也增加了迷路的风险，因此地图导航应用应运而生，通过在软件上搜索出发地与目的地，就可以计算出多个路线，供用户根据自身的情况自行选择。

设计理念：采用简约的设计理念，给人一个干净清爽的页面。

色彩点评：以深蓝色为背景，着重突出了导航的路线，给人清晰明了的视觉感受。

本作品为一个导航应用的界面，输入出发地与目的地，就出现了导航路线及距离长度和消耗的时间。

采用深色作为地图背景，同色系的线条作为街道，明亮色的路线被着重凸显出来。

■ RGB=23,36,53 CMYK=93,86,64,48

■ RGB=121,213,204 CMYK=56,0,73,0

■ RGB=187,104,208 CMYK=42,66,0,0

本作品为地图导航界面，以白色作为背景，导航的路线以紫色标记出来，给人一种干净明亮的视觉感，路线也变得更清楚。作为导航可以根据出行工具的不同估计时间。

□ RGB=254,254,254 CMYK=0,0,0,0

■ RGB=114,114,249 CMYK=69,58,0,0

■ RGB=25,118,210 CMYK=82,51,0,0

■ RGB=76,175,80 CMYK=70,10,86,0

■ RGB=244,67,54 CMYK=2,86,76,0

将地图应用于健身软件中，用户可以通过携带手机或智能手表，进行跑步锻炼。通过实时的监控记录下来，可以在地图上看见行走过的痕迹。

■ RGB=78,111,144 CMYK=76,56,33,0

■ RGB=71,50,47 CMYK=69,77,75,44

■ RGB=216,214,202 CMYK=19,15,21,0

■ RGB=122,81,79 CMYK=57,72,67,14

■ RGB=201,150,93 CMYK=27,47,67,0

5.4.2　工具类 APP UI 设计——天气预报

天气预报作为手机中一项必备的工具类软件，在传统布局应用的基础上，进一步设计增加了更多的功能。可以设置锁屏界面，方面用户查看天气。随着天气的变化还增加了一些人性化的设置，如提醒用户带伞，根据今天的天气，给用户一个穿衣推荐等。

设计理念：在锁屏上显示天气预报，使用户可以方便快捷地查询温度与天气情况。

色彩点评：

作为天气预报的页面，具有地点及相应的天气情况，同时也可以分享天气情况到社交软件上。

青色的背景图案与红色的桥和船相互照应，表达了雨水来临之前的一种平静，软件根据天气的变换相应变换页面，给用户直观的视觉感受。

- RGB=72,138,160 CMYK=74,38,33,0
- RGB=94,176,164 CMYK=64,16,42,0
- RGB=231,82,76 CMYK=10,81,64,0

本图片为天气预报的两个界面，通过页面背景的颜色区分为白天和夜晚两个模式，采用重心型的版式布局，突出了当时天气的情况和温度，同时下方还具有其他功能。

- RGB=254,254,254 CMYK=0,0,0,0
- RGB=59,48,46 CMYK=74,76,74,48
- RGB=255,148,0 CMYK=0,54,91,0

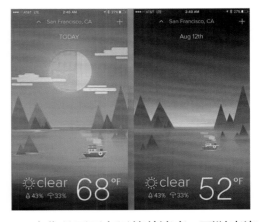

本作品页面布局简单清爽，可以查询当天的温度信息，整个页面以图片为主，突出了下方的实时温度，美国及一些使用英语的国家常用华氏度作为温度的计量单位。

- RGB=26,159,190 CMYK=76,24,24,0
- RGB=255,163,20 CMYK=0,47,89,0
- RGB=108,81,132 CMYK=69,76,29,0

工具类 APP UI 设计技巧——圆形的应用

工具类的应用使手机具有了更加强大的功能性，在手机管理应用和指南针的应用中，采用了圆形的图形，给人一种动态的视觉感受。

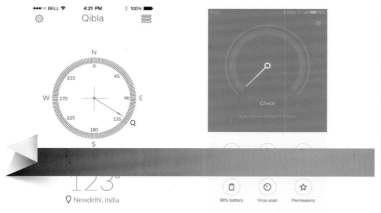

　　详细的圆形指南针图形，使指定的方位更加确切详细，给用户一种严谨、准确的视觉感受。

　　作为手机清理应用和管理手机应用，进行手机垃圾的清理。图片中类似于迈速表的图形，通过指针的转动，表明手机清理的过程，使页面更有动感。

　　作为工具类应用的指南针，采用刻度详细的圆形盘面，通过红色区域的划分，进行详细的地理位置显示，使人获得直观的视觉效果。

配色方案

双色配色

三色配色

四色配色

工具类 APP UI 设计赏析

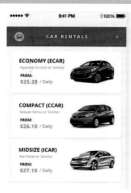   

5.5 生活类 APP UI 设计

实用的生活类应用会让用户忙碌繁杂的生活变得条理规范，轻松简单，提高人们的生活质量，帮助人们体验更有效的、更便捷的生活方式。例如可以通过打车应用打车；外卖应用进行点餐；超市的送货软件，在手机上进行自助购物，实现足不出户就能吃到新鲜的水果。

特点。

◆ 更为方便、快捷，服务广大消费者。

◆ 与在实体店购物相比，无需花费时间排队，节省了用户的时间。

◆ 可以体验到舒适到家的服务。

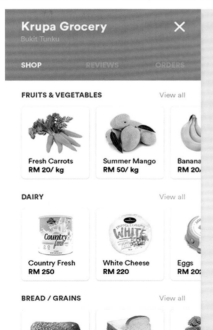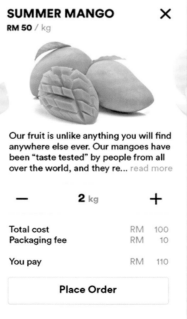

5.5.1 生活类 APP UI 设计——旅游

随着人们生活品质的逐渐上升，外出旅游也更加普遍。开发出查询出行飞机航班、火车等交通工具信息的手机应用，可以帮助人们在出行前制订一个旅游计划，也可以就路线进行一个简单规划及制作周边景点的手机版移动指南。

设计理念： 飞机航班的查询与机票购买，页面具有动态的折叠效果。

色彩点评： 航班信息以蓝色为主，给人蓝天的感觉。

🌐 本作品为航空信息订票系统，预定两张航班的机票，其中一张航班的信息可以在界面中隐藏起来。

🎨 以蓝色作为航班信息的背景，吸引用户的关注。

■ RGB=253,244,237 CMYK=1,7,8,0
■ RGB=57,192,237 CMYK=66,7,8,0
■ RGB=243,156,17 CMYK=6,49,91,0
■ RGB=27,188,155 CMYK=72,1,52,0

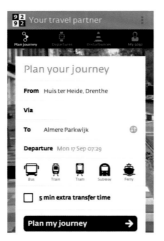

本作品为指定旅游计划的手机应用，它可以帮你在出门游玩之前，制订一个计划，对于自己乘坐的交通工具、需要游玩的景点进行记录，方便用户使用，便捷而高效。

■ RGB=0,154,224 CMYK=77,29,1,0
□ RGB=254,254,254 CMYK=0,0,0,0
■ RGB=59,48,46 CMYK=83,78,77,60

作为景点的观光指南，该界面推荐了该区域最好的休息场所，以方便用户的挑选。对于各个地方还有简单的介绍和价格提示，用户通过直观的评星系统，可以作最直观的参考。

■ RGB=213,243,254 CMYK=20,0,2,0
□ RGB=254,254,254 CMYK=0,0,0,0
■ RGB=169,124,101 CMYK=41,56,60,0
■ RGB=225,177,19 CMYK=1,40,89,0

5.5.2 生活类 APP UI 设计——外卖

为了让人们的生活更加便利，一些大型超市提供了网上购物应用，足不出户就可以挑选精美的物品。同时还有一些外卖软件应运而生，随着指尖的滑动，就可以在家里享受到高品质的食物。

设计理念：采用水平的版式设计，使整个页面井然有序，方便用户浏览、选择、分类。

色彩点评：采用黑白灰进行搭配，突出了产品的鲜艳亮丽。

🔴 水平型的版式设计，给人一种整洁、干净的视觉感受，可以清楚地进行分类，使用户一目了然，方便用户选择。

🔴 颜色上突出了食物的美观与品质，采用黑白灰作为背景，给人们以视觉上的享受。

　RGB=209,167,117 CMYK=13,10,10,0
■ RGB=248,37,95 CMYK=1,92,45,0

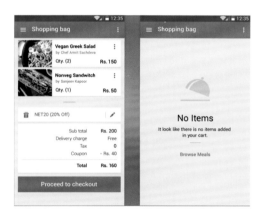

外卖应用是较为常用的应用软件，用户可以足不出户，在上面选择自己想要品尝的食物。对于该类软件使用的程度，应用中会提供一些折扣优惠，可以在购买中进行相应的抵扣。

麦当劳外卖应用，可以在手机应用上，选择想要品尝的食物加入到购物车中，在购物车中进行统一的结算，还可以通过多种方式进行支付，以方便用户的就餐。

■ RGB=235,60,36 CMYK=7,88,88,0
□ RGB=255,255,255 CMYK=0,0,0,0
■ RGB=75,75,75 CMYK=74,68,65,24
■ RGB=150,201,112 CMYK=48,6,68,0

■ RGB=255,13298 CMYK=0,62,57,0
□ RGB=255,255,255 CMYK=0,0,0,0
■ RGB=255,173,38 CMYK=1,42,85,0
■ RGB=237,38,61 CMYK=7,93,70,0

生活类 APP UI 设计技巧——网上超市的便捷购物

　　随着人们生活的节奏越来越快，网上购物成为一种趋势。而用户可以通过超市应用的搜索系统，更快地了解产品信息，节省购物的成本。

  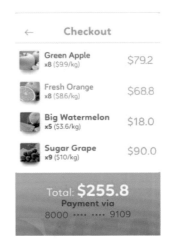

　　本图片作为超市购物应用的物品详情页面，通过文字和图片使用户了解到该水果的信息及价格，通过添加数量进行购买。

　　作为超市的售货应用，会对商品进行打折销售，用户通过直观的打折标签与价格上的对比，进行食物的购买。

　　本页面为结算页面，用户可以看到购物车中的详细列表，使消费变得公开透明。最后用户使用银行卡结算购物车中的物品。

配色方案

双色配色 　　　　　三色配色 　　　　　五色配色

生活类 APP UI 设计赏析

5.6 娱乐类 APP UI 设计

在烦劳的工作、单调的学习、繁重的生活压力中，娱乐类软件如雨后春笋般出现，使人们的生活变得更加丰富多彩。现代化生活中拥有许多娱乐应用，这些应用多以视频、音乐等为主，闲暇之余能够缓解人的紧张情绪，调节人的身心。

特点。

◆ 用户易于使用，可以根据视频、音乐各自的情感与类型进行分类、挑选。

◆ 相较于音响、电视机，手机便于携带，可以随时随地地进行观看与欣赏。

◆ 可以通过下载的方式，在没有网络的环境下，利用本地文件也可以进行娱乐。

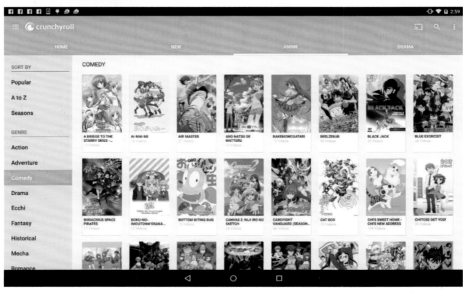

5.6.1 娱乐类 APP UI 设计——音乐播放器

音乐是表达情感的一种体现，人们在上班、下班、等车的时候，往往愿意插上一个耳机，沉浸在音乐的世界里，体会其中曲调的情感，所以音乐播放器是一个手机必备的应用。这种应用也可以根据环境的不同播放不同的歌曲，如下图应用就可以在不同的场景播放不同类型的音乐。

设计理念：对于使用场景的不同，选择不同的音乐作为背景。

色彩点评：采用渐变的颜色，在视觉上给人一种空阔的感受。

🔵 该应用针对使用环境的不同，将歌曲分为六种类型，例如睡觉的时候适合播放平静舒缓的音乐，有关爱的适合播放一种浪漫的情调。

🔵 深蓝渐变到紫色的颜色效果，结合对称的版式设计，给人一种稳定感，通透感。

■ RGB=145,145,59 CMYK=52,40,90,0

■ RGB=195,205,201 CMYK=26,12,60,0

■ RGB=111,152,198 CMYK=62,36,12,0

■ RGB=113,63,34 CMYK=55,77,97,29

作为一个手机上接受 FM 调频广播收音应用，通过滑动屏幕上的轨道，用户就能选择想要收听的节目，中间显示准确的频道，也可以通过页面选择节目频道进行收听。

■ RGB=93,52,63 CMYK=65,83,65,31

□ RGB=255,255,255 CMYK=0,0,0,0

■ RGB=144,88,103 CMYK=53,74,51,2

本作品为音乐播放应用的歌单页面，在听歌的同时可以选择接下来想要听的歌曲，点击曲目的位置，就可以进行添加歌单、下载歌曲等操作。

■ RGB=189,189,189 CMYK=30,23,22,0

□ RGB=255,255,255 CMYK=0,0,0,0

■ RGB=242,242,242 CMYK=6,5,5,0

■ RGB=255,87,34 CMYK=0,79,85,0

5.6.2 娱乐类 APP UI 设计——视频播放器

随着科技的发展，智能手机的屏幕越来越大，许多用户开始选择手机、平板电脑等可移动的设备观看视频。视频播放器可以在线播放影片、电视剧等，同时也可以下载进行离线观看。相对于传统电视只能在固定的时间收看固定的节目，移动端的视频观看更具有灵活性。

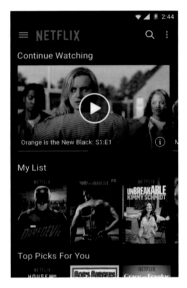

设计理念： 采用骨骼型的版式设计，具有很强的秩序性。

色彩点评： 黑色的背景，可以突出视频的图片信息。

🔵 本作品为用户个人视频的主页，上方显示用户上一次观看的视频影片记录，根据记录用户可以继续观看。

🔵 这是一种订阅类模式的视频软件，用户通过月付一定数额的资费，就可以尽享优质的视频资源。

□ RGB=255,255,255 CMYK=0,0,0,0
■ RGB=13,12,8 CMYK=88,84,88,75
■ RGB=236,31,26 CMYK=7,95,95,0

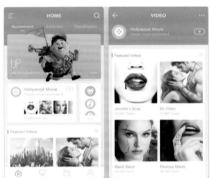

本作品为视频应用的界面，左图为用户的个人页面，可以查看到历史的观看记录。右图为一个视频合集内的视频内容，用户可以自行选择视频进行观看。

本作品为视频内容的详细页面，在页面中可以看到该视频的详细介绍，也可以看到用户对于该视频的评价，同时可以在本页面进行视频的播放。

■ RGB=118,177,253 CMYK=55,24,0,0
RGB=235,244,252 CMYK=10,3,0,0
□ RGB=255,255,255 CMYK=0,0,0,0
RGB=255,230,23 CMYK=7,10,85,0

■ RGB=13,12,8 CMYK=88,84,88,75
□ RGB=255,255,255 CMYK=0,0,0,0
■ RGB=182,6,8 CMYK=37,100,100,2

娱乐类 APP UI 设计技巧——音乐图标的设计

娱乐应用中以音乐、视频为主要应用。通常人们通过音乐可以抒发情感，使很多情感得到释放。在手机 UI 图标设计时，常用耳机、音符等图形形象表示音乐播放器。

　　蓝色的图标背景，给人一种安静、休闲的感觉。通过阴影和颜色的变化，在视觉上给人一种立体感。音符下的线条使整个图标具备了十足的动感韵味。

　　在黑胶唱片上放置一个耳麦，形象地表达出图标的含义，为应约播放器。使用户在视觉效果上便于理解和使用。

　　此图标生动地表现了音乐播放器，采用三角形的版式设计，给人一种稳定均衡的感觉。同时背景的渐变，又使图标极具动感。

配色方案

双色配色	三色配色	四色配色

娱乐类 APP UI 设计赏析

5.7 阅读类 APP UI 设计

随着科技的发展，智能手机的逐渐普及，使用移动设备进行文章小说的阅读已经成为一种趋势。用户可以利用碎片时间进行阅读，因为手机拥有较为强大的存储空间，可以在手机上存储许多书籍，用户相当于携带了一个移动书库。同时相对于纸质版书籍，手机阅读器更加方便用户阅读及携带。

特点。

◆ 人们可以随时随地进行书籍的浏览，通过应用就可查找出想要看的书籍。

◆ 相比较于传统书籍，阅读类应用可以进行字体大小和行间距的调整，更加贴近用户的实际需求。

◆ 同时对比纸质版书的售价，电子书的售价相对便宜很多，节约了用户的阅读成本。

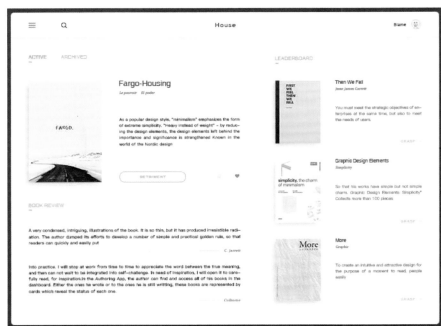

5.7.1 阅读类 APP UI 设计——小说阅读器

手机的诞生引发了阅读的革命,用户利用手机可以下载离线书籍或在线阅读书籍。

手机拥有较大的存储空间,可以作为一个移动书库。相对于传统纸质书籍,减少了树木的消耗,保护了环境。

设计理念:采用重心型的版式设计,突出用户现在阅读的书籍封面。

色彩点评:以白色为背景,凸显了书籍的页面,把用户的注意力吸引在书籍上。

🌀 重心型的版式设计可以吸引用户将视觉注意力集中在书籍上,使用户可以更加专注的读书,而不会受到其他干扰。

🌀 下方的书籍图片,是应用通过对用户读书情况的了解,进行书籍的推送,推送的书籍为相关或相似的书籍。

☐ RGB=255,255,255 CMYK=0,0,0,0
■ RGB=211,32,26 CMYK=21,97,100,0
■ RGB=186,201,210 CMYK=32,17,15,0

本作品为读书应用的个人书架页面,页面为水平型版式布局,采用浅绿色作为点缀色,给人一种干净、清新的视觉感受。作为用户的书架列表,用户点击书籍就可进行阅读。

■ RGB=192,218,140 CMYK=33,5,56,0
☐ RGB=255,255,255 CMYK=0,0,0,0
■ RGB=13,12,8 CMYK=88,84,88,75

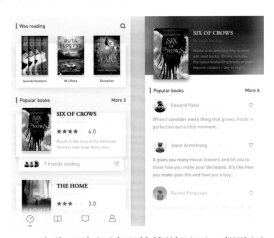

本作品为阅读器的推送界面,帮助用户记录曾经读过的书,同时还向用户推荐较为畅销的书籍。右边为一本书籍的详细介绍及读者评价。

■ RGB=178,196,250 CMYK=35,21,0,0
☐ RGB=244,246,247 CMYK=5,3,3,0
■ RGB=44,61,109 CMYK=92,86,41,6

5.7.2 阅读类 APP UI 设计——漫画阅读器

漫画书作为一种可阅读的书籍，已逐渐拓展到手机阅读。只要打开手机，用户就

能方便快捷地找到想要观看的漫画。同时漫画阅读器在设置上增加更新功能，用户添加在收藏夹里面的漫画，只要一有更新，就会推送过来。

设计理念：采用中轴型的版式设计，可使整个页面整洁、干净。

色彩点评：浅绿色标题栏，给人一种小清新的视觉感受。

⬤ 本作品为漫画阅读器的首页，采用中轴型的设计方式，图片和文字排列整齐、规范。

❷ 绿色的标题栏，使整个页面变得清新、自然，增加了版面的活力。

█ RGB=139,203,31 CMYK=53,0,97,0
█ RGB=68,177,237 CMYK=67,22,0,0
█ RGB=139,203,31 CMYK=12,78,100,0

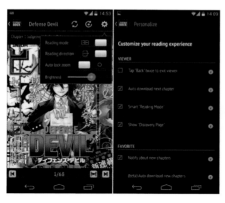

作为一个漫画的阅读浏览器，可以挑选漫画的章节数，也可以调整漫画的阅读方式，还可以根据手机的摆放进行横向或者是竖向的阅读。一切为了方便用户的使用。

█ RGB=21,24,29 CMYK=88,83,76,65
█ RGB=50,181,199 CMYK=70,11,26,0
█ RGB=206,204,205 CMYK=23,18,17,0

本作品为漫画应用的首页，可以根据导航栏的分类进行选择，根据选择的分类进行漫画浏览，右边为选择漫画的主题页，其中有对漫画的详细介绍及可选择观看的章节目录。

█ RGB=243,117,33 CMYK=4,67,88,0
☐ RGB=245,245,245 CMYK=5,4,4,0
█ RGB=0,0,0 CMYK=93,88,89,80

阅读类 APP UI 设计技巧——阅读页面的设置

根据移动手机、平板电脑屏幕的大小不同，可以设置页面的字体大小，也可以设置背景、字体的颜色，现在手机中还可以设置夜间模式。对于书中好的句子，可以通过复制、粘贴在空白文档上，也可以就书中的某一个位置进行批注，没有阅读完成的书籍，可以插入书签方便下一次接着阅读。

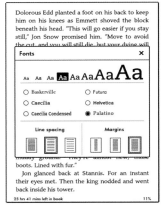

书籍中的重点位置，可以进行标注，根据用户自己的习惯，在页面上做笔记，通过不同的颜色及线条进行批注。

可以更改阅读文章的字体样式、字体大小、排版中的行间距及页边距。

阅读页面中设置有很多功能，例如，可以跳跃到文章的任何位置，可以记笔记等。

配色方案

双色配色

三色配色

四色配色

阅读类 APP UI 设计赏析

5.8 拍摄美化类 APP UI 设计

基于智能手机拥有强大的拍摄功能，开发出拍摄美化类的应用，就可以拍摄出与相机同样效果的图片，还可以调节相机设置中的平衡、曝光等功能。拍摄美化类应用可以就已经拍摄好的照片，进行后期修饰，使照片变得更美、也可以拍摄搞怪图片等，因此深受用户的喜爱。

特点。

◆ 使用拍摄软件可以调整焦距进行远景与近景的拍摄。

◆ 手机轻巧易拿，便于携带，同时具有高像素的硬件配置，可以拍摄出匹配相机的高品质相片。

◆ 鉴于拍摄出的图片格式为 JPEG，便于用户上传至网上云盘进行存储。

◆ 美化类的软件可以在照片完成后进行后期处理，使照片成像更加完美。

5.8.1 拍摄美化类 APP UI 设计——相机

相机作为手机一个必备的功能,根据其手机硬件的配置,可以产生不同的图片效果,而高像素的摄像头拍摄的照片更加清晰。此外,还可以进行录像,为用户保留动态的影像资料。

设计理念:本作品主要是为了突出相机可以在不同环境下进行拍摄的功能。

色彩点评:以黑色为主,拍摄键及其他功能键采用白色。选择上的功能键为黄色。

● 整个界面以所拍图像为主,黄昏的时候海边的木桥和远处的灯塔,给人一种优美、宁静的视觉感受。

● 该页面主要突出手机相机具有强大的功能性,可以根据用户的选择,进行图像的拍摄,拍摄的效果也不尽相同。

■ RGB=255,255,255 CMYK=0,0,0,0
■ RGB=0,0,0 CMYK=93,88,89,80

本作品整个页面以拍摄的物体为主,下方的白色按钮为拍摄键,其上方是设置键和调整前后摄像头的功能键,对于隐藏的功能在设置中进行调整,既美化了页面,也满足了用户的使用需求。

■ RGB=255,255,255 CMYK=0,0,0,0
■ RGB=140,89,68 CMYK=64,63,75,19

相机的页面以拍摄的景象为主,可以通过聚焦拍摄出高品质的相片。相机的设置界面以白色为主,拍照按键采用黑色,按键的上方为相机功能图标,以图形代替文字,使页面整体显得干净、清爽。

■ RGB=255,255,255 CMYK=0,0,0,0
■ RGB=0,0,0 CMYK=93,88,89,80

5.8.2 拍摄美化类 APP UI 设计——美化图片

拍摄出来的照片需要进行一定的加工，根据应用给定的模式范围，可以进行多张图片拼接。同时也可以对相片里面的人像进行修改，还可以在照片中添加可爱的贴纸。使用拍摄美化类应用可以把生活记录成图像。

设计理念：将拍摄好的图片进一步修饰，使其呈现不同的效果。

色彩点评：采用黑、白的经典搭配，洋红色起到一种提示作用。

本作品将图片通过应用内设置的滤镜进行调整，可以使图片呈现出不同的效果。

通过滑动下方的轨道，可以选择照片调整的程度，上方的照片会呈现出预览状态，给人直观的视觉感受。

- ■ RGB=0,0,0 CMYK=93,88,89,80
- ■ RGB=255,64,129 CMYK=0,85,23,0

本作品针对照片中的人物进行滤镜调整，左面为选择图片页面，右边为对选择的图片进行滤镜调整，下方为应用提供的滤镜素材，用户可以根据自己的喜好进行调整。

- ■ RGB=0,0,0 CMYK=93,88,89,80
- □ RGB=255,255,255 CMYK=0,0,0,0
- ■ RGB=57,150,227 CMYK=73,34,0,0

本作品的应用中给定许多固定的版式模型，用户可以根据想要拼接出的图片进行选择，使整个图片具有多种多样的样式，以增加趣味性与观赏性，同时展现用户的个性与风格。

- ■ RGB=0,0,0 CMYK=93,88,89,80
- □ RGB=255,255,255 CMYK=0,0,0,0

拍摄美化类 APP UI 设计技巧——多彩的相册图标

　　基于科技的发展，手机的功能越来越强大，配备的摄像头像素也越来越高，拍摄出来的画面可以匹配相机，同时手机轻巧便于携带，因此人们更喜欢使用手机拍照。手机界面会有相应的相册图标，多彩的图标昭示了相机可以拍摄出美丽多彩的照片。

　　将半圆的图形围绕中心旋转，出现一个类似于花朵的形状。颜色上以紫为中心，两边向蓝红渐变，在视觉上营造出一种清新靓丽的视觉效果。

　　图标中以圆形和三角形代替了山峰与太阳，使人一目了然明白该图标为相册图标。制作出的折叠效果，使用户能产生一种翻看相册的感觉。

　　正六边形的区域中，采用梯形红、绿、蓝三原色进行重叠摆放，使图标产生了空间感，混合的颜色可以给人一种多彩的视觉感受。

配色方案

双色配色

三色配色

四色配色

拍摄美化类 APP UI 设计赏析

5.9 新闻类 APP UI 设计

传统的新闻传播途径有报纸、杂志、电视等，随着科技的发展，互联网、手机相继诞生，如一股洪流冲击着传统媒体。多种多样的新闻在手机上就可以看到，通过综合型的新闻应用，用户可以看到实时的头条新闻，同时可以根据导航栏中的分类查找新闻，用户也可以根据搜索，查找想要看的新闻。

特点。

◆ 使用户更加快捷便利地获取新闻资讯。

◆ 可以定制个性主页，根据用户常浏览的信息分类，进行首页的推送。

◆ 信息资讯被高度集中，可以通过一个软件浏览到多种类型的资讯，如政治、财经、科技、娱乐、体育等。

◆ 不用于纸质的新闻报刊，移动端的应用使用户可以发表自己的意见，在网上与其他人进行讨论。

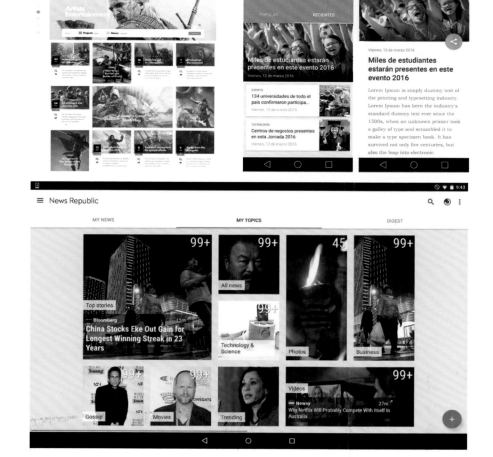

5.9.1 新闻类 APP UI 设计——新闻资讯

新闻资讯信息是人们基本需求之一，把传播的媒体变为互联网，从纸制版向电子版过渡。根据种类新闻可以分出很多种，如社会新闻、娱乐新闻、游戏新闻等。也可以根据发生的时间进行查阅。新闻资讯添加了评论的模块，用户可以发表自己的观点相互沟通。

设计理念：以简约、实用为设计理念，着重突出新闻的内容。

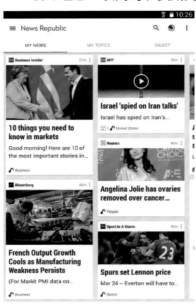

色彩点评：背景以白色为主，文字主要采用黑色字体，在新闻分类上采用红色字体，营造出一种醒目的视觉效果。

🔘 本作品采用对称型的布局方式，通过文字与图片的大小进行上下的调整，既保证了内容的完整性，也保证了页面整体效果的和谐与均匀。

🔘 以白色为新闻资讯的背景，可以着重突出新闻的图片信息和文字信息。

🔘 标题的文字加粗在视觉上给人突出的感受，使用户一目了然了解该新闻的主要内容。

◻ RGB=255,255,255 CMYK=0,0,0,0
■ RGB=0,0,0 CMYK=93,88,89,80
▨ RGB=231,122,125 CMYK=11,65,40,0

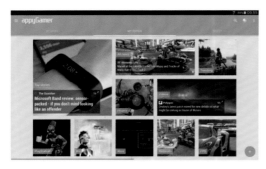

本作品采用骨骼型的版式设计，为游戏资讯的应用页面，本页面是根据用户关注的主题进行推送，每个图片上的橘黄色标签为游戏资讯的分类。

■ RGB=228,139,21 CMYK=14,55,93,0
▨ RGB=230,230,230 CMYK=12,9,9,0
■ RGB=0,0,0 CMYK=93,88,89,80

本作品为新闻内容的详情页面，标题的字体字号变大是为了吸引读者，使读者明白该新闻的主要内容；采用图文相结合的报道方式，可使文章内容更形象具体。

■ RGB=52,159,202 CMYK=73,26,16,0
◻ RGB=255,255,255 CMYK=0,0,0,0
▨ RGB=163,163,163 CMYK=42,33,32,0
■ RGB=0,0,0 CMYK=93,88,89,80

5.9.2 新闻类 APP UI 设计——报纸杂志

随着科技的迅猛发展,纸质的报纸杂志已经逐渐被淘汰,移动端作为新的载体出现,现在可以在网上看到许多杂志报纸的电子版,通过应用就可以很好地翻阅。方便用户随时随地通过手机、平板阅读杂志。

设计理念:本作品为移动端的杂志页面,本页面采用了导示型的版面设计。

色彩点评:导示部分以渐变背景吸引读者,使页面变得更加丰富多彩。

① 采用导示型的版面设计,通过右侧的导示,让人对文件有一定的了解,作为导示文字应具有一定的导航性,以引起读者的阅读兴趣。

② 导示的背景为灰到蓝的渐变,增加了层次感。

③ 对于页面中相对重要的文字信息,采用黄色背景或者是边框加粗,在视觉上起到提示读者的作用。

- RGB=205,205,205 CMYK=23,17,17,0
- RGB=140,192,231 CMYK=49,16,5,0
- RGB=255,254,51 CMYK=9,0,78,0

本图片为杂志页面在平板电脑与手机屏上的显现,在屏幕小的移动端上,需要对其文字、图片重新进行排版与分割。一般可采用导示型的排版模式,方便用户查找。

- RGB=0,0,0 CMYK=93,88,89,80
- RGB=255,255,255 CMYK=0,0,0,0
- RGB=57,150,227 CMYK=73,34,0,0
- RGB=118,58,50 CMYK=54,83,76,25

本作品为阅读软件的首页,可以根据用户的个人喜好进行首页推荐,也可以根据上方下拉的菜单选择想看的类型。

- RGB=103,64,217 CMYK=77,77,0,0
- RGB=198,199,201 CMYK=26,20,18,0
- RGB=255,255,255 CMYK=0,0,0,0
- RGB=254,124,124 CMYK=0,66,40,0
- RGB=0,0,0 CMYK=93,88,89,80

新闻类 APP UI 设计技巧——作为插件用于手表和桌面上

在桌面及穿戴式的配件上也可以进行 UI 设计，作为产品的一种开发模式。方便用户使用，操作更加简单。

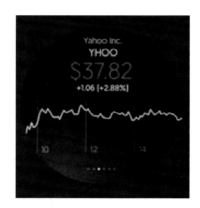

谷歌应用于苹果手表，界面简单，不需要复杂的界面，页面设置，以简单高效给人直观的视觉观感。

作为页面插件，不需要过多的操作进入软件查看新闻，可以在桌面显示的插件中，观看最新的实时新闻。

应用于智能手表上的 UI 设计，通过简洁的界面，可以看到财经新闻上的财经信息，以折线图和数字突出了信息。

配色方案

双色配色

三色配色

四色配色

新闻类 APP UI 设计赏析

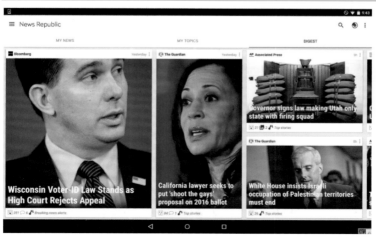

5.10　设计实战：办公类 APP UI 设计流程详解

5.10.1　设计思路

应用类型：办公类软件。

面向对象：通用。

项目诉求：平板电脑邮箱新界面上线时间适逢情人节，所以此界面是一款针对情人节而特意打造的活动界面，以情侣和渴望脱单人士为主要受众群体。意图便捷地传递情侣双方心意以及为迫切渴望脱单的单身人士带来爱情际遇的功能性。

设计定位：情人节总会让人联想到浓艳的玫瑰红，无边无际的甜腻粉色以及象征爱情的桃心图形，这些都是人们对情人节最基本的印象。本案例并不准备沿用这样的常规设计，而将整体风格定位在"童话"这一概念上。与现实相比，童话中爱情的唯美、甜蜜、纯真似乎都是绝对的，这也正是童话的迷人之处。所以，本案例将这一种回归本真的甜蜜唯美以童话的形式展现出来。

5.10.2　配色方案

由于界面整体方案采用了童话感的风格，所以在颜色的选择上使用了高明度的具有梦幻感的颜色。

主色：版面的主色选择了淡淡的蓝色，将粉色和蓝色结合构成画面的基本颜色，从粉到蓝进行一种渐变，给人以梦幻、清晰、简单、纯洁之感。

辅助色：红色虽然是象征爱情的玫瑰特有的颜色，激烈而富有激情。掺入大量白色和红色形成柔和的粉色。但是真正的爱情总是安静而又长久的，淡淡的柔和的粉色似乎更适合。

点缀色：界面中大面积区域都被粉蓝两种颜色所覆盖，由于界面中包含一部分插画元素，所以点缀色基本出现在插画的部分。为了与画面整体匹配，所以插画中也使用了大面积的蓝色，为了增添画面的丰富感，插画中出现了暖调的黄和小面积的红色。

其他配色方案：提到小清新风格，莫过于大自然中的植物了。但如果本案例采用自然中的绿色或红色，肯定会产生过于花哨而杂乱的感觉。而采用明度较高的蓝色和粉色渐变式，再加以不同类型暖色以小面积穿插，更能凸显清爽、明亮之感。

5.10.3 版面构图

邮箱界面背景图是两片羽毛元素，展现了轻薄之感。登录框位于画面正中央，这种中央型构图具有强烈的聚焦作用，且较为简洁、大方。登录框是一种典型的左右型构图方式，左侧为可变更的主题图片，右侧为登录信息输入区域，比较符合用户的使用习惯。

　　还可以将主题图片摆放在登录框的顶部，以装饰图案的方式展现出来，将登录框旋转 90 度，插图部分摆放在顶部，即可作为竖版的登录界面。

5.10.4　首页

首　页	分　析
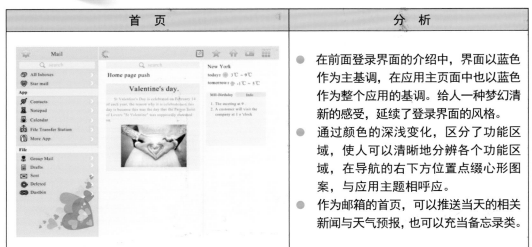	● 在前面登录界面的介绍中，界面以蓝色作为主基调，在应用主页面中也以蓝色作为整个应用的基调。给人一种梦幻清新的感受，延续了登录界面的风格。 ● 通过颜色的深浅变化，区分了功能区域，使人可以清晰地分辨各个功能区域，在导航的右下方位置点缀心形图案，与应用主题相呼应。 ● 作为邮箱的首页，可以推送当天的相关新闻与天气预报，也可以充当备忘录类。

5.10.5 收件箱

收件箱	分　析
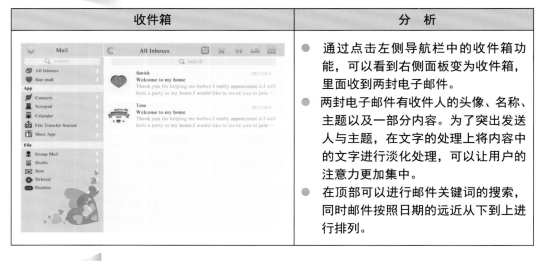	● 通过点击左侧导航栏中的收件箱功能，可以看到右侧面板变为收件箱，里面收到两封电子邮件。 ● 两封电子邮件有收件人的头像、名称、主题以及一部分内容。为了突出发送人与主题，在文字的处理上将内容中的文字进行淡化处理，可以让用户的注意力更加集中。 ● 在顶部可以进行邮件关键词的搜索，同时邮件按照日期的远近从下到上进行排列。

5.10.6 编写邮件

编写邮件	分　析
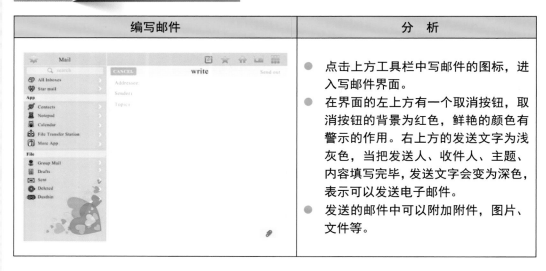	● 点击上方工具栏中写邮件的图标，进入写邮件界面。 ● 在界面的左上方有一个取消按钮，取消按钮的背景为红色，鲜艳的颜色有警示的作用。右上方的发送文字为浅灰色，当把发送人、收件人、主题、内容填写完毕，发送文字会变为深色，表示可以发送电子邮件。 ● 发送的邮件中可以附加附件，图片、文件等。

第6章 APP UI 设计的风格

安全\清新\科技\凉爽\美味\热情\高端\浪漫\硬朗\纯净\复古\扁平化\拟物化

APP UI 设计的风格可分为：安全类、清新类、科技类、凉爽类、美味类、热情类、高端类、浪漫类、硬朗类、纯净类、复古类等。

- ◆ 安全类 UI 设计保障了手机的安全，在页面设计上给人一种严谨可靠的视觉感受。
- ◆ 科技类 UI 设计根据现有的科学技术，使手机更加智能化，更加方便用户使用。
- ◆ 浪漫类 UI 设计多采用粉嫩的颜色，营造一种温馨、浪漫的感觉。
- ◆ 复古类 UI 设计会以过去的元素为参考，体现出时代感与历史感。

6.1 安全

　　手机是人们日常生活中的必需品，用户的照片隐私、钱财都可以通过手机进行操作，所以用户在选择手机应用前非常注重其安全性，因此保护手机安全的应用应运而生。手机安全应用的使用，一方面便于管理手机，另一方面是保护我们的手机及个人财产安全。

特点。

◆ 具有保护隐私的特点，可以保证用户手机的基本安全。

◆ 具有杀毒、清理手机垃圾、检查手机漏洞、手机防盗等功能。

◆ 方便用户管理手机应用，进行应用的权限检查、应用搬家、流量监控等。

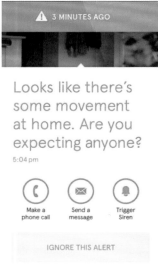
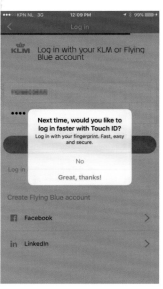
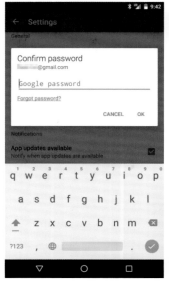

6.1.1　安全——登录页面的 UI 设计

如今越来越多的手机应用都需要用户注册才能使用，这样主要可以保证用户的隐私安全，同时也是为了使用户能够获得更好的服务。用户可以对页面进行个人设置、应用也可根据用户的使用情况进行相关推送。

设计理念：应用登录的页面，呈现出清新淡雅的视觉效果。

色彩点评：浅灰色为主色调，突出了红色的图标文字。

 浅色的背景带给人们一种朦胧的感觉，整个页面背景给人一种宽广绵长的感觉。

 作为恋爱软件，里面记录了情侣之间的小秘密与互动，为了保护个人的隐私信息，需要进行登录。

用户可以通过账号进行登录，也可以关联 facebook 或 google 账号进行登录，方便了用户的使用。

⬜ RGB=241,233,230　CMYK=7,10,9,0
⬜ RGB=255,255,255 CMYK=0,0,0,0
🟥 RGB=249,90,87　CMYK=0,78,57,,0
🟦 RGB=54,99,154　CMYK=83,62,23,0

本作品为相册的登录界面，相片属于隐私物品，需要一定的安全措施进行保护。本页面需要输入用户账号和密码才能登录，同时也可以使用社交账号进行关联登录。

🟦 RGB=74,84,94　CMYK=77,66,56,14
⬜ RGB=255,255,255　CMYK=0,0,0,0
🟧 RGB=249,103,30　CMYK=0,73,88,0
🟦 RGB=59,89,151　CMYK=84,69,20,0
🟦 RGB=27,178,233　CMYK=71,15,6,0

本作品为一款应用的登录页面，作为一个类似于日记的应用。在登录界面上，一句简单而醒目的标语，营造出了一种温馨的氛围，使用户每当打开都会自然产生淡淡的亲切感。

🟫 RGB=177,143,95　CMYK=28,47,67,0
⬜ RGB=255,255,255　CMYK=0,0,0,0
🟦 RGB=77,147,209　CMYK=71,36,5,0

6.1.2 安全——页面提示弹窗的 UI 设计

手机安全设置中，会蹦出弹窗来提醒用户。有的弹窗为功能设置页面，有的弹窗为警告页面。弹窗一般在屏幕中央出现，这样可以吸引人们的注意力，使人更加关注弹窗上的信息。

设计理念：作为设置界面，页面简洁干净，方便用户操作。

色彩点评：选择图形采用了绿色，因为绿色拥有同意、确认的含义。

🌐 在安全设置中，可以对手机应用进行加密，对于解锁方式用户有三种选择，分别为指纹解锁、图形解锁和数字解锁。

🌐 整个提示界面简洁明了，三种解锁方式均匀平分页面，给人一种整齐的视觉感受。

🌐 选择绿色作为按键与选择键的颜色，起到提示用户确认的作用。

- RGB=97,97,97 CMYK=69,61,58,9
- RGB=238,238,238 CMYK=8,6,6,0
- RGB=0,150,136 CMYK=80,26,54,0

本图片为使用手机银行软件时跳出的提醒页面，告知用户在设置中是否需要设置指纹支付或者是忽略该功能，增加了便捷性的同时保障了用户的资金安全。

- RGB=5,39,67 CMYK=100,90,59,36
- RGB=255,255,255 CMYK=0,0,0,0
- RGB=79,155,230 CMYK=68,32,0,0

本图片为注册页面的提示界面。在用户注册软件时，询问用户是否同意使用指纹进行应用的登录。确认该应用请求时，在页面上使用了绿色和对号，给用户一种清爽的体验。

- RGB=14,16,22 CMYK=90,86,78,70
- RGB=255,255,255 CMYK=0,0,0,0
- RGB=0,142,127 CMYK=82,31,57,0
- RGB=255,173,202 CMYK=0,45,4,0

安全风格的设计技巧——锁型图案的妙用

　　锁具的形状可以给人一种安全的视觉感受，采用锁具的形状能使用户一目了然明白该应用的作用。同时根据应用保障的实际数据，结合一些相关的图形，使应用更加形象具体，便于用户了解使用。

照片作为人的隐私信息，需要进行保护。主体采用了锁形的形状，但是锁的中间位置突出摄像头的形状，让人很容易明确理解该应用的作用。

在锁具的形状外添加了护盾的形状，给人一种直观的安全感。可以使人更加放心地使用手机，不用担心隐私泄露、钱财丢失。

在锁具的外围添加了圆形的护盾，整体配色极具视觉柔和感。在其保证了手机安全的前提下又不失动感，相信不会像其他的安全软件一样落灰吧。

配色方案

双色配色

三色配色

四色配色

安全风格的设计赏析

6.2 清新

　　APP UI 设计风格中的清新感主要来自页面背景色彩和图标的形状设计，指二者结合带给人的那种清新淡雅的感觉。在背景颜色的运用上要注意区分主色、点缀色、强调色等。在图标的运用上多采用拟物化的图标，这种图标可给人生动形象的视觉冲击，使整个页面展现出一种淡雅、舒适的艺术韵味。

　　特点。

◆ 页面整体色彩具有明快、鲜活的视觉感受。

◆ 能够展现出一种生机活力，给人一种新鲜感。

◆ 具有缓解紧张情绪，放松心情的效果。

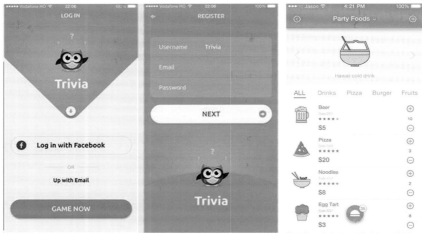

6.2.1 清新——明亮色彩的 UI 界面设计

清爽、明净、淡雅是清新感设计的特点,清新感设计强调画面整体的生动性、凉爽性。且注重色调的明纯度,和谐用色能让整体设计的画面色调更明快,使该设计更加凸显,从而吸引人的眼球。

设计理念:作为天气类应用中显示风速的页面,数字明确的显示风速,通过页面中间字条掀起的距离来展现风速,给人一种生动形象的视觉感受。

色彩点评: 同色系之间的变化不会过于突兀,给人一种舒适感。

❶ 字条被吹起的形态生动地表现了风速的大小,使用户有一个直观的感受。

❷ 通过颜色的变化进行页面的分割,对各个功能进行了区域划分。

RGB=236,251,170 CMYK=14,0,43,0
RGB=145,239,202 CMYK=44,0,34,0
RGB=104,218,208 CMYK=56,0,29,0
RGB=64,118,154 CMYK=78,51,30,0

本作品是一个运动应用的界面。用户通过手机应用就可以查看自己的步数、距离和所消耗的卡路里。绿色给人一种生机勃勃的感觉,而运动就体现了生命力,可以带给人们正能量。

RGB=89,228,220 CMYK=57,0,36,0
RGB=255,255,255 CMYK=0,0,0,0
RGB=255,197,150 CMYK=0,32,42,0
RGB=238,133,235 CMYK=24,54,0,0

本作品为理财类应用的页面。采用绿色菱形的图案作为背景,使背景充满了动态变化感。用户可以查看自己的收入与花销的情况,也可以查看绑定的银行卡信息。

RGB=80,192,167 CMYK=65,3,45,0
RGB=255,255,255 CMYK=0,0,0,0
RGB=167,167,167 CMYK=40,32,30,0

6.2.2 清新——形象可爱的 UI 设计

简约又不失优雅的设计总会给人留下深刻印象，不仅是在网页的设计上很受欢迎，在手机界面上同样也受到很多人的青睐。

设计理念： 整个界面以白色为主，在图标的设计上使用了卡通的形象，给人一种可爱、清新的感觉。

色彩点评： 纯白色的背景突出各个图标的特点，使其可以更加吸引用户的注意力。

❶ 采用水平型的版式设计，每一个图标都整齐排列在页面中，给人一种整洁、干净的感觉。

❷ 形象可爱的图标具有极高的辨识度，可以很好地抓住用户的眼球，吸引用户长时间使用该应用。

- RGB=253,194,104 CMYK=3,32,63,0
- RGB=104,246,254 CMYK=56,3,0,0
- RGB=164,226,115 CMYK=43,0,67,0
- RGB=255,100,99 CMYK=0,75,51,0

本作品为一款 AR 类游戏的属性界面，浅色系的背景，可使用户清晰地查看自身的外观装备以及其下的经验条和金钱等信息。舒适的表现手法也可以增加一定的游戏体验性。

- RGB=252,247,207 CMYK=4,3,26,0
- RGB=245,255,244 CMYK=6,0,8,0
- RGB=66,209,163 CMYK=64,0,50,0
- RGB=227,188,61 CMYK=17,29,82,0

本作品为美容院应用的主界面，女性用户可以查看他人的变美方法，也可以寻找专家解答问题等。纯白的背景突出了简约时尚的图标，整个界面呈现出一种小清新的风格。

- RGB=255,120,150 CMYK=0,67,22,0
- RGB=255,255,255 CMYK=0,0,0,0
- RGB=153,225,255 CMYK=42,0,3,0
- RGB=231,183,255 CMYK=20,34,0,0
- RGB=255,232,156 CMYK=3,12,46,0

清新风格的设计技巧——清新色调的图标

　　图标在颜色上采用较为清新的颜色，注重色调上的统一，所呈现的明快自然的色调，可以吸引用户的眼球。

　　本作品为游泳馆的应用图标，通过蓝色的深浅变化，划分出泳池、泳道和地面。一个穿着泳衣的人坐在池边脚放进水里，给人一种休闲、惬意的感受。

　　本作品为天气预报的应用图标。正六边形的图标设计，以蓝色的天空为背景，衬托黄色的太阳和白色的云朵。给人一种清新自然的感受。

　　本作品为 Twitter 图标，多彩的鸟儿形状在天蓝色的背景下，给人一种鸟儿遨游在空中的印象。图中鸟儿的形状，以七巧板为灵感而创作。

配色方案

双色配色

三色配色

四色配色

清新风格设计赏析

6.3 科技

　　科技的发展使人类的生活品质越来越高，现在智能手机的功能也越来越多，具有许多的黑科技，体现了科技的发展。例如指纹识别、AR 增强现实、双摄的摄像头、可以通过手机控制家用电器等。这些以前只能出现在电影中的场景，可以在现实生活中实现了。

　　特点。

◆ 整体画面用色简洁大方，给人一种理性、科学的感受。

◆ 在页面中可以看到科技的更新换代，以形象生动的图形给人直观的视觉感受。

◆ 多采用青色、蓝色、绿色等，可以更有效地吸引用户的注意力。

6.3.1 科技——指纹识别 UI 界面设计

指纹因具有终身不变性、唯一性、便捷性三大特性，已成为现在智能手机的标准配置。因其具有的唯一性，用户只要通过设置指纹识别，就可以保证手机中信息的安全。同时手机具有指纹识别功能，也方便用户解锁、登录、支付钱款等，使人们的生活更加便利快捷。

设计理念：分割型的版式设计，在人们面前营造出干净、简洁的视觉效果。

色彩点评：绿色与白色相互搭配，给人一种平静的感受，比较适合用于手机设置界面。

🔵 本作品为手机指纹设置的首页，当用户看到该界面时就可以进行指纹的添加，通过形象的指纹图形，让即使不懂文字的人也能直接了解其功能。

🔵 采用深色的圆形，突出了指纹的图形，使人们更直观地明白该页面的功能。

■ RGB=54,172,161 CMYK=72,14,44,0
□ RGB=255,255,255 CMYK=0,0,0,0
■ RGB=93,121,134 CMYK=71,50,43,0

本作品为指纹识别的应用页面，本页为用户是否允许通过指纹进行登录应用。若用户同意通过指纹识别登录应用，可以减少用户输入密码的次数，同时也保证用户信息的安全。

■ RGB=7,62,93 CMYK=97,80,51,17
■ RGB=164,194,205 CMYK=41,17,18,0
□ RGB=255,255,255 CMYK=0,0,0,0
■ RGB=6,145,248 CMYK=76,38,0,0

本页面为指纹识别页面，手机提示用户使用指纹进行解锁手机。黑色的背景突出中间的指纹图案，给人直观的视觉感受，使人一目了然了解该界面的作用。

■ RGB=260,65,68 CMYK=79,71,66,32
■ RGB=221,226,229 CMYK=16,10,9,0
■ RGB=36,163,142 CMYK=76,18,53,0

6.3.2 科技——天气预报 UI 界面设计

手机天气预报，通过查询手机内的天气预报应用，人们可以就衣物穿着、是否携带雨具等提前做好准备。

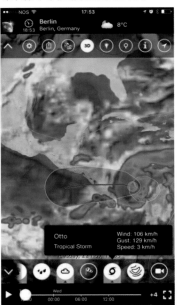

设计理念： 作为专业的天气预报，在应用中使用气象图作为数据基础。

色彩点评： 通过气象图上的颜色变换，传播风向、云层、能见度等气象信息。

🌀 作为专业的天气预报应用，可以根据实时的气象图，预测未来的天气变化。

🌀 本界面主要以气象图为主，给人直观的视觉感受，同时在上方与下方的位置，设置了详细的功能区域。

🌀 功能区域以一个个形象简易的图标进行分类，节省了页面空间。

■ RGB=20,20,20 CMYK=86,82,81,70
□ RGB=255,255,255 CMYK=0,0,0,0

黑色的界面可以使浅色系的地图在视觉上更加清晰，而黑底白字的强对比度也可以让用户能清楚地浏览到文字信息。不过本作品繁多的颜色使用确实有点让人应接不暇。

■ RGB=41,133,211 CMYK=78,42,0,0
■ RGB=0,0,0,0 CMYK=98,88,89,80
■ RGB=70,196,27 CMYK=67,0,100,0

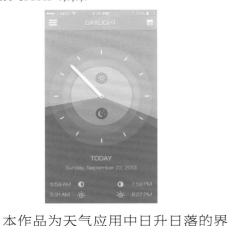

本作品为天气应用中日升日落的界面，以中心为原点，根据一天的 24 小时进行了规划，在图中可以清楚地看到时间点，橙、蓝两色分别代表了白天与夜晚，营造出更直观的视觉效果。

■ RGB=249,192,58 CMYK=6,31,80,0
■ RGB=22,142,197 CMYK=76,36,13,0

科技风格的设计技巧——科幻元素的应用

科技是不断发展进步的，"科幻元素"作为未来科技的一种体现，能带给人一种神秘感、工业感的视觉享受。

手机主题采用科幻类主题，图标的边框为金属质感，蓝色边框在深色背景的衬托下，带给人们极强的科技画面感。

黑色的背景衬托、棱角分明的线条图案、明亮闪烁的图标，向人们呈现出具有科技感的手机页面。

手机整体页面给人十足的科幻、神秘感觉，背景衬托着中间的功能插件，呈现出空间感与层次感。

配色方案

双色配色

三色配色

四色配色

科技风格设计赏析

6.4 凉爽

凉爽风格能给人一种清凉、凉爽的感觉，让人们感到放松与舒适。在设计 APP UI 时要考虑到页面的整体效果，蓝色、青色、白色会让人体会到"凉爽"的感觉，在图标的设计上以简洁易懂的形状为主体，简化了较为复杂的图标。

特点。

◆ 多采用蓝色、青色等具有"凉爽"视觉效果的颜色。

◆ 该风格的设计可以使用户得到一定的放松，产生一种舒适感。

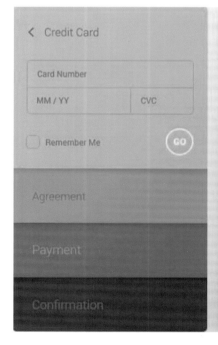

6.4.1 凉爽——颜色

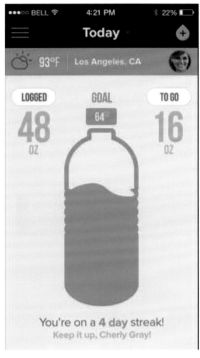

在手机 APP UI 界面中多采用蓝色、青色等具有清凉感的颜色，这种颜色能使整个页面呈现出一种凉爽感，让用户在使用时感到清爽的气息。

设计理念：本应用可记录用户每天喝了多少水，以保持身体的水分。

色彩点评：整个页面使用蓝色系色调，给人一种清凉舒适感。

● 作为一个记录、提醒用户喝水的应用，使用蓝色会让人联想到水，与该应用的功能想照应，给人一种舒适的感觉。

● 背景采用浅蓝色，突出了中间水的容量，使用户更加直接地看到自己喝了多少水，离制订的目标还差多远。

■ RGB=236,242,242 CMYK=9,4,6,0
■ RGB= 4,174,236 CMYK=72,17,3,0

本作品为制订计划应用的页面，主要体现侧边栏的作用，通过向右滑动页面，出现青色的侧边栏，方便用户的操作。青色会给人一种宁静、清凉的感觉，整个页面具有很强的条理性。

■ RGB=4,176,154 CMYK=75,9,50,0
□ RGB=245,244,244 CMYK=6,0,8,0
■ RGB=73,154,171 CMYK=71,29,32,0

本作品为手机程序的下拉通知栏，为了方便用户快捷地管理自己的手机，通过从屏幕上方下滑就出现的通知栏，可以进行一些功能的便捷操作。

■ RGB=247,234,194 CMYK=6,10,29,0
■ RGB=153,81,87 CMYK=46,79,100,10
■ RGB=167,146,111 CMYK=42,44,59,0
■ RGB=83,52,53 CMYK=66,79,71,39

6.4.2 凉爽——干净简洁的 UI 界面设计

　　浅色的页面背景，给人干净、整洁、大气、高端的视觉印象，为了避免色调过于单调，可以加入一些红色、橙色、青色等进行点缀，使画面更加鲜活、靓丽。

　　设计理念：本作品为天气预报的应用界面，扇形界面设计一个转盘，能够激发人的好奇心。

　　色彩点评：采用浅色系的颜色，通过深浅不同表现形式，营造出一种淡雅的视觉效果。

　　❶ 把天气情况的界面做成一个"扇子"形状，通过上方红线的位置，确定天气为晴，扇形下方的圆形为天气信息刷新的按钮，使用户可以在消耗一小部分流量的代价下获取最新的天气情况。

　　❷ 该应用可以预测一个星期的天气情况，通过红色的箭头指示。

　　❸ 页面有个贴心的设计，体现出应用对温度可以进行华氏度和摄氏度的转换。

- RGB=227,229,218 CMYK=14,9,16,0
- RGB=242,239,230 CMYK=7,6,11,0
- RGB=209,209,201 CMYK=22,16,21,0
- RGB=223,88,92 CMYK=15,78,55,0

　　本作品为购买花朵的手机应用，属于购物应用，首页中的花朵给人一种淡雅、清新的感觉，同时表明了该花的特有属性，文字介绍页面与首页风格一致，给人一种淡雅脱俗的感觉。

　　页面采用重心型的版式设计，突出整个页面"迈速表"的造型，刻度的区域通过青、白颜色的对比，给人们一种清晰、清爽的感觉。下方四个排列整齐的功能键，起到辅助作用。

- RGB=199,217,227 CMYK=26,10,10,0
- RGB=255,255,255 CMYK=0,0,0,0
- RGB=65,100,120 CMYK=81,60,46,3

- RGB=64,64,64 CMYK=71,77,68,34
- RGB=255,255,255 CMYK=0,0,0,0
- RGB=181,225,226 CMYK=34,1,15,0

凉爽风格的设计技巧——按钮的设计

简约、干净的按钮设计，再搭配简单的文字或图标，给人一种真实的视觉效果。颜色上主要以白色为主，蓝色为辅。

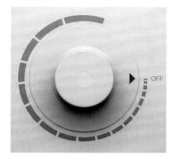

在设置圆形按钮时，通过圆形的相互叠加，再加以衬托，在视觉上给人一个真实的效果。颜色的渐变表现了按钮旋转的程度。

控制音量的按钮造型，三角箭头指向的位置为音量大小。通过具体的分割，把音量具体图形化，顺时针滑动按钮，音量就会变得越来越大。

桌面的悬浮按钮整合了手机的 5 个基本功能。可以通过按钮旋转对联系人、短信、手机管理、记事本、通话进行快捷的选择。

配色方案

双色配色

三色配色

四色配色

凉爽风格设计赏析

6.5 美味

有关美味风格的 UI 设计，会让人联想到食物，与生活相关的就是烹饪类、团购类、外卖类应用，用户可以根据自己的需求任意选择。对于爱好美食的用户，通过烹饪类应用可以自己在家制作美味的食物，尽享自己动手的乐趣，享受高品质的生活。外卖类应用可以在时间不够充裕的情况下，进行外卖点餐。

特点。

- ◆ 烹饪类应用适合初学者进行菜品的制作，也可以提高人们的做饭水平。
- ◆ 烹饪类通过菜名就可以搜索到菜品的制作过程，方便用户随时随地查看。
- ◆ 订餐类应用方便用户足不出户就可以吃到大餐，同时具有优惠的功能。

6.5.1　美味——烹饪类应用的 UI 界面设计

如果你喜欢烹饪，那么你就需要一个烹饪应用软件。只要拥有这样一款软件，就可以在上面找到其他人上传的食谱、所用食材的用量、耗时及做菜的步骤，同时也可以上传自己的菜谱，供他人参考。该应用上不仅有文字介绍，还有视频讲解，可帮助你做成美味的食物，使你更加喜欢烹饪。

设计理念：作为菜谱的详情页面，虚化了背景的食物图片，使文字更加突出。

色彩点评：食物原材料的颜色给人一种纯天然的感受，给人一种健康的感觉。

① 虚化的食物图片作为背景，既给页面添加了活力，又不影响文字介绍。

② 页面没有过于线条化的布局，根据文字信息，对页面进行划分。

RGB=255,155,159 CMYK=0,53,26,0

RGB=255,255,255 CMYK=0,0,0,0

RGB=149,147,148 CMYK=48,47,30,0

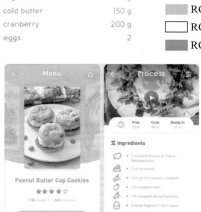

本作品为一款食谱应用，其作用为帮助厨房初学者在学习厨艺的道路上少走弯路，实用性极高。可以通过点击屏幕上的橙色按键跳转到详细的制作方法页面，直观的视频操作可以手把手教你成为一名合格的大厨！

RGB=255,194,77 CMYK=2,31,74,0

RGB=255,255,255 CMYK=0,0,0,0

RGB=196,134,65 CMYK=29,55,69,0

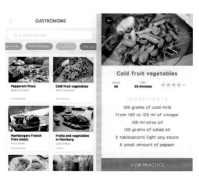

本作品为食谱应用，用户通过搜索可以查找各种菜谱。该应用程序从数据库中选择食谱，并根据用户的偏好或食材特性列表分类，并将其提供给用户，用户通过点击图片就可以查看详细食谱及制作方法。

RGB=255,135,41 CMYK=0,60,83,0

RGB=255,255,255 CMYK=0,0,0,0

RGB=177,183,93 CMYK=39,23,73,0

RGB=227,61,37 CMYK=12,88,89,0

RGB=255,188,50 CMYK=2,34,82,0

6.5.2 美味——订餐类应用的 UI 界面设计

随着互联网科技的高速发展，使用手机点餐、订餐已经成为一种时尚。用户使用移动设备上的订餐软件，通过图片、文字及评论，可以更加了解菜品的味道，进行合理的选择。这种订餐软件方便了用户，同时也节约了用户的时间。

设计理念：可以在该应用上购买该道菜的相关食材，同时附有食材的价格。

色彩点评：咖色与白色相结合，结合处突出了菜品。

🌑 该图片采用平行型版式设计，各食材整齐排列，给人一目了然的感觉。

🌑 本应用每道食材都给出了具体的用量，方便厨房初学者们掌握各种食材的用量。

- RGB=92,75,81 CMYK=69,71,61,20
- RGB=255,255,255 CMYK=0,0,0,0
- RGB=240,96,96 CMYK=6,76,53,0

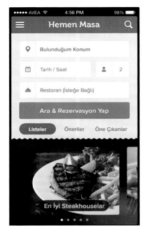

本作品作为订餐应用的订餐页面，要求用户先输入自己的地址、日期及送餐饭店，并在页面下面备有食物的图片。推荐食物的图片，可以吸引用户，增加用户的食欲。

- RGB=212,1,20 CMYK=21,100,100,0
- RGB=240,237,230 CMYK=8,7,11,0
- RGB=115,103,91 CMYK=62,59,63,8
- RGB=22,159,133 CMYK=78,20,57,0

本作品作为订餐应用中的餐厅详细介绍页面，用户根据搜索出来的食物，可以查找该饭店的具体信息，背景为餐厅招牌菜品的图片，下方为详细信息以及地图导航。

- RGB=3,185,85 CMYK=74,0,85,0
- RGB=255,255,255 CMYK=0,0,0,0
- RGB=45,97,233 CMYK=83,62,0,0
- RGB=184,185,192 CMYK=33,23,21,0

美味风格的设计技巧——视频讲解的页面设置

　　食谱类应用主要是以食物应用为主体，相对于烹饪书籍的文字形式，食谱类应用可以将图片与文字进行一对一的讲解，还可以通过视频进行讲解，都可以给人更加生动直观的感受。

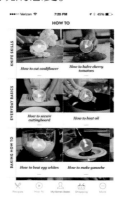

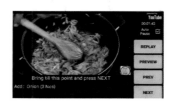

　　本页面为食谱类应用的视频目录页。采用分割型的版式设计，使整个页面非常整洁。视频的详细讲解，更加方便用户的实际操作。

　　本页面为菜品做法的视频。黑色透明的背景下为菜品的视频页面，每一个菜品的左下角，都有播放按键、名称以及拍摄者。

　　本作品为视频讲解的详情页面，将整个页面分为 3 部分，页面右侧为暂停、重播、预览等功能键。左侧大面积为视频区域，下方有添加调料的文字注释。

配色方案

双色配色　　　　　　　　三色配色　　　　　　　　四色配色

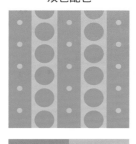
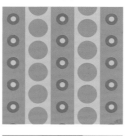
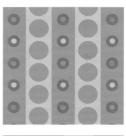

美味风格设计赏析

6.6 热情

热情可以激起人们的冲动与好奇心,给人一种骄阳似火的感受和向前奋进的动力。热情体现了人们对待事物表现出来的热烈、积极、主动的态度,在页面设计时,可以采用红色、橙色等具有热情属性的色彩,吸引用户、激发用户的情感。

特点。

◆ 色调明亮。给人以热烈、华丽的视觉感。

◆ 热情的设计元素使画面更具有动感,整个页面都充满积极向上的正能量。

◆ 热情充满了感性的色彩,容易让人接受并产生亲近感。使用户具有良好的交互体验。

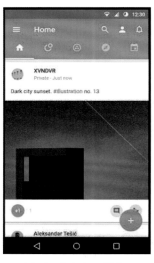

6.6.1 热情——色彩明快的 UI 界面设计

热情风格的 UI 设计可以使页面动感热烈，极大地满足人们的情感需求，同时颜色纯粹的背景可以突出其上面的图标，有效地吸引用户的注意力。

设计理念：作为烹饪类应用分类界面的首页，具有导向性的作用，使用户可以按照分类进行搜索。

色彩点评：以红色为背景，突出了图标的设计，营造出形象直观的视觉效果。

🌐 红色在整体界面中呈现一种热情感，突出了白色的图标分类，吸引人们的注意力。

🌐 洋溢的热情使那些即使没有食欲的人，也可以胃口大开。

- RGB=199,44,48 CMYK=28,94,86,0
- RGB=255,255,255 CMYK=0,0,0,0
- RGB=209,164,97 CMYK=24,40,66,0
- RGB=71,151,20 CMYK=74,26,100,0

作品为烹饪类应用的欢迎页面，整体采用明亮的黄色为底，突出了卡通的图形，给人明亮清晰的视觉感受。这种设计保证了应用的流畅性，提升了用户对应用的感知度。

- RGB=244,241,100 CMYK=12,1,69,0
- RGB=0,0,0 CMYK=93,88,89,80

本作品为麦当劳取消订单页面，半透明的橙色页面，可以隐约看到订单的内容。下方具有返回订单，取消订单、取消该操作，采用红色具有提示作用，可使用户再次确认。

- RGB=255,205,80 CMYK=3,26,73,0
- RGB=0,0,0 CMYK=93,88,89,80
- RGB=255,255,255 CMYK=0,0,0,0
- RGB=229,68,74 CMYK=11,86,64,0

6.6.2　热情——活力四射的运动类 UI 界面设计

球场、赛场是挥洒汗水与激情的地方，比赛会激发人们的热情。同时运动类应用可以帮助人们了解比赛，或者帮助人们保持健康的身体，使人充满活力与激情。

设计理念：本作品为印度板球超级联赛的应用，作为全世界最多人收看的板球比赛，移动端的应用提供了比赛的信息、排名、结果、新闻。方便用户了解比赛。

色彩点评：采用黄色和绿色作为背景，其中流动的线条，增加了页面的动感，体现了比赛的运动性。

🌐 背景图中间的剪影为板球上站着运动员，黄绿两色在两边具有对抗的意味。

🌐 即将比赛的信息框中，采用水平型布局，两个球队的图标名称分别写在左右两侧，中间为比赛时间的信息。

■ RGB=131,180,74　CMYK=56,15,85,0
■ RGB=213,181,61 CMYK=24,31,83,0
□ RGB=255,255,255　CMYK=0,0,0,0
■ RGB=19,184,212 CMYK=72,9,20,0

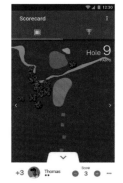

本作品为运动监控应用的个人页面，用户运动时通过携带手机，可以实时记录自己的运动过程。该应用能根据使用者步行、跑步、骑行、游泳四项运动进行记录，使用户更了解自己的身体状况。

本作品为高尔夫球运动的应用，本页面为用户成绩的记录卡。通过对球场的等比例缩小，可以看到高尔夫球的运动轨迹与进的洞，用户可以很清楚看到自己的分数。

■ RGB=0,0,0　CMYK=93,88,89,80
□ RGB=255,255,255　CMYK=0,0,0,0
■ RGB=53,122,194　CMYK=79,49,5,0
■ RGB=58,136,210　CMYK=76,41,1,0

■ RGB=59,94,40 CMYK=80,54,100,21
■ RGB=2,109,57 CMYK=88,47,99,10
■ RGB=94,169,200 CMYK=64,23,19,0

热情风格的设计技巧——运动类图标的设计

生命在于运动，运动可以增强自身的免疫力，使人对生活充满向往。

　　图中为运动的图标，以纯色的圆形图标突出上面的运动器材。以每一项特有的起擦作为标识，使用户一目了然明白该图标的作用，不会产生分歧。

　　本图标是一个足球类应用，以足球场作为背景，绿色的场地衬托出上方黄色比分牌，给人直观的视觉感受。

　　ESPN 是著名的体育电视网，作为体育类应用的图标，采用了棒球图形，给人直观形象的视觉感受，蓝色的背景使得图标更具有活力。

配色方案

双色配色	三色配色	四色配色

热情风格设计赏析

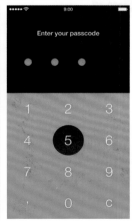

6.7 高端

　　高端风格可以带给人一种奢华、高贵的感觉，手机 UI 界面可以通过图形、版式、色彩的搭配，向用户展现出更高档次的界面。同时可以展现该品牌的风格与内涵，增加人们的认知与关注度。

　　在颜色使用上全部采用明度较低的色彩相互搭配，例如尊贵的紫色、奢华的金色、高贵的银色、稳重的棕色、深邃的宝蓝色、魅艳的朗姆酒红等，通过颜色的搭配表现出商品的精致与奢华。

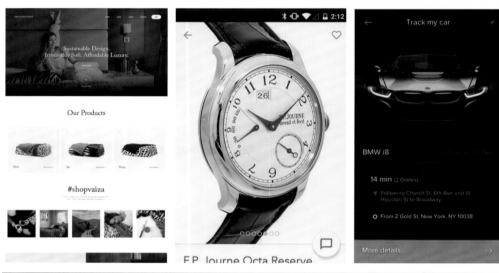

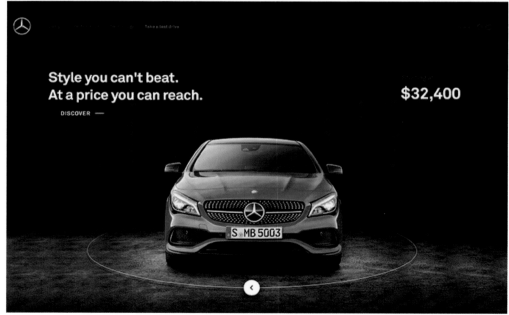

6.7.1 高端——奢侈品应用的 UI 设计

随着生活品位的提升，人们开始有能力购买一些奢侈品。奢侈品牌因其个性化的设计，可以凸显其高端奢华的品质。奢侈品本身具有的闪亮发光点，可以吸引人们的目光都集中于此。

设计理念：本作品是一个手表的购物应用，主要以名表为主，界面版式简洁干净，可以因此增强人们对手表的关注度。

色彩点评：其中以黑色作为背景，突出手表的图片。图片背景为浅蓝色，给人一种清新淡雅的感觉，使手表更具欣赏性。

● 中心型的版式设计，将图片摆放到中心位置，可以将视觉集中到一点，抓住用户的眼球。

● 在图片右侧设置一个圆形的按钮，用户可以点击进行物品的收藏，点击下方的黄色按钮就可进行物品的购买。

- ■ RGB=24,24,25 CMYK=85,81,79,67
- □ RGB=209,233,251 CMYK=22,4,1,0
- ■ RGB=234,204,107 CMYK=14,24,66,0

本作品为汽车品牌的页面介绍，由蓝到紫的背景给人一种高贵的印象，车身优美的线条感，具有极高的观赏性，并带给人一种急速奔驰和豪华、炫酷的视觉感。

- ■ RGB=28,46,183 CMYK=92,84,0,0
- ■ RGB=125,19,205 CMYK=72,85,0,0
- ■ RGB=255,90,15 CMYK=0,78,91,0
- ■ RGB=255,238,54 CMYK=7,5,80,0

本作品为购物应用的物品详细信息页面。该商品为品牌香水，白色的背景使玻璃材质变得更加晶莹剔透，增强了视觉效果。使产品显得更高档、奢华。

- ■ RGB=0,0,0 CMYK=93,88,89,80
- □ RGB=255,255,255 CMYK=0,0,0,0
- ■ RGB=248,117,165 CMYK=2,68,10,0

6.7.2 高端——个人定制的 UI 设计

高端的设计可以根据用户的需求，进行个性化的定制，具有唯一性与独特性，给人一种高端大气的感受。

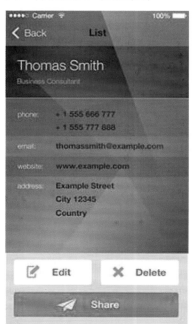

设计理念：本应用为商业人士使用的名片应用，随着手机越来越智能化，人们已经不再使用老式的纸质名片，而是采用电子名片，在手机上进行操作就可编辑、发送、查看。

色彩点评：使用蓝色为背景，给人一种干练、理性的视觉感受，从而可以初步了解该名片主人的性格。

🔵 用户可以定制自己的名片背景及个人信息。并通过背景的深浅区分每一条信息。

🔵 背景中的线条提升了页面的空间感，具有一定的动感，增强了名片的观赏性。

■ RGB=150,96,66 CMYK=48,69,79,7
■ RGB=224,219,219 CMYK=15,14,12,0
■ RGB=87,98,105 CMYK=73,61,54,6

本作品为谷歌企业版的图标，通过使用蓝色设计成一个西服的图标，给人一种冷静、干练、清爽的感觉，同时在右下方突出一个大写的 G，表明为谷歌的产品应用。

本作品为定制名片的软件，可以帮助商务人士定制具有自己风格的双面名片，还可以调整文本样式、颜色、大小，方便用户的操作。同时制作好的名片，可以邮寄到用户手中。

■ RGB=209,184,144 CMYK=23,30,46,0
■ RGB=139,126,95 CMYK=55,50,67,1
■ RGB=239,230,212 CMYK=8,11,18,0
■ RGB=66,65,60 CMYK=75,69,71,35

■ RGB=4,3,8 CMYK=92,89,84,76
■ RGB=206,217,235 CMYK=23,12,4,0

高端风格的设计技巧——紫色的妙用

高端风格的设计，能给人一种尊贵奢华的虚荣体验。

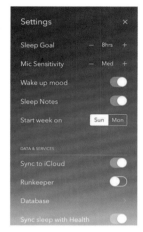

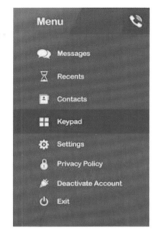

该页面为音乐风格分类选择页面，采用深紫色为背景，通过简单的线条描绘出类别，给人一种神秘、梦幻的感觉。

本页面为手机的设置界面，采用由黑到紫的渐变，给人一种循序渐进的感觉，增加了页面的流动性。

本页面为电话通信应用的功能分类页面，紫色的页面设计，给人一种安静、沉稳的感受。彰显了用户尊贵的身份。

配色方案

双色配色

三色配色

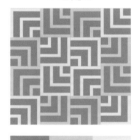

四色配色

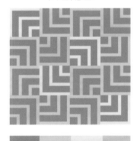

高端风格设计赏析

6.8 浪漫

浪漫风格会带给人们一种梦幻、优雅、富有诗意的视觉感受。通常选用粉色、紫色、玫红色等热情的颜色，可营造一种浪漫、华丽、优雅、高贵的环境氛围。通过鲜花、戒指、钻石等具有浪漫属性的元素，可增加界面整体的浪漫效果。浪漫风格的 UI 设计，深受女性的喜爱，热恋中的情侣同样也是该类应用的受众群体。

特点。

◆ 整体画面柔美、优雅，能引起人更深层次的遐想。

◆ 具有高辨识度的设计风格。

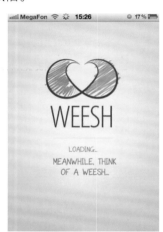

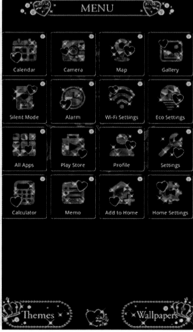

6.8.1　浪漫——粉色系桌面的 UI 界面设计

粉色象征着可爱、浪漫。纯纯的粉色是大部分女生喜欢的颜色，能给人一种甜蜜的感觉。屏幕上以粉色为主的页面和生动形象的拟物化图标，可让人们产生美好的憧憬与向往。

设计理念：本作品为甜蜜爱情短信，里面有浪漫的关于爱情、友情的句子、格言，可以增进人们之间的感情。

色彩点评：采用浅粉色作为背景，同时页面上有许多心形图形，给人一种浪漫、梦幻的感受。

以可爱甜蜜的短信来表达对甜蜜的无限向往，通过短信文字加深情侣、家庭之间的关系。

该应用还根据用户的需要对情人节短信、爱情故事、友谊、温馨等文字类别进行了分类。

RGB=228,119,151　CMYK=13,66,22,0
RGB=245,190,213　CMYK=4,35,4,0
RGB=250,220,222　CMYK=2,20,8,0

手机的粉色背景，搭配拟物化的图标给人一种可爱浪漫的视觉感受，图表整齐排列、有规律，营造出一种干净整洁的视觉效果。

本作品是粉色类主题的应用，整体给人一种纯真、可爱的印象，背景图片中的两个卡通人物，使整个界面充满了浪漫感，同时图标采用拟物化的设计，使整个页面更加生动活泼。

RGB=255,181,209　CMYK=0,42,2,0
RGB=255,255,255　CMYK=0,0,0,0
RGB=228,218,219　CMYK=13,16,11,0

RGB=255,146,159　CMYK=0,57,17,0
RGB=245,77,48　CMYK=2,83,80,0
RGB=255,243,250　CMYK=0,8,0,0
RGB=248,209,20　CMYK=8,21,88,0

6.8.2 浪漫——应用花朵元素的 UI 界面设计

花朵是浪漫与美好的象征，每一种花都有其特定的含意。恋人之间最常送的花束就是玫瑰花，玫瑰花可以代表他们之间的爱情。

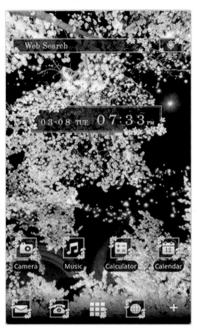

设计理念：手机界面的背景采用飘落的樱花，给人一种梦幻、甜美的感觉。图标为半透明状的设计，强调了拟物化的特性，同时边框的对角上有樱花的设计，与背景图片相照应。

色彩点评：深色的背景突出粉色的樱花，使樱花飘落的场景生动化，花枝好似随风摆动，花瓣在空中飘舞。

⬤ 粉色的樱花结合梦幻的夜空背景，给人一种如梦如幻的感觉，具有神秘、浪漫感。

⬤ 从顶端的搜索栏到日期的插件及功能性图标，都与背景相融合，整体效果具有一致性。

RGB=255,208,236 CMYK=1,27,0,0
RGB=232,220,232 CMYK=11,16,4,0
RGB=15,16,44 CMYK=98,100,64,54

本作品为花店的应用界面，左图首页是销量较好的花卉品种及花卉的分类目录。右图为花卉的图文介绍、价钱的详细页面。采用红色系色彩，给人带来一种浪漫的感觉。

RGB=250,225,225 CMYK=2,17,8,0
RGB=233,30,99 CMYK=9,94,41,0
RGB=233,97,143 CMYK=11,75,21,0
RGB=203,203,203 CMYK=24,18,18,0

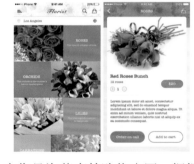

本作品为花束的购物应用，根据花束的颜色进行分类。花束的详情页面采用白色为背景，突出了商品的特性，结合文字信息的描述，使购买者可以根据需求预定，同时可以进行数量的选择。

RGB=229,66,79 CMYK=11,87,60,0
RGB=167,117,216 CMYK=49,61,0,0
RGB=233,109,125 CMYK=10,71,37,0
RGB=219,218,103 CMYK=22,11,68,0

浪漫风格的设计技巧——戒指元素在图标中的妙用

结婚是人生中比较浪漫的事情，可以真正和心爱的人白头偕老、相互陪伴。而戒指是婚姻必备的一件物品，所以在结婚应用的图标设计上，以戒指形状作为图标图案，使用户清楚地了解该应用的作用。

本作品是一个关于结婚的软件，红色的小礼盒中，摆放着一枚钻戒。钻戒给人带来浪漫的感觉与结婚的喜悦。

婚戒作为结婚时最重要的物品，必须具有独特性。用户使用本应用可挑选戒指的材质、样式等，还可对戒指进行独特的设计，以使其具有唯一性并带有浪漫感。

粉色系的礼盒，给人一种甜蜜浪漫的感觉，中间的钻戒明亮硕大，让人们对婚姻产生美好的向往。

配色方案

双色配色　　　　　　三色配色　　　　　　四色配色

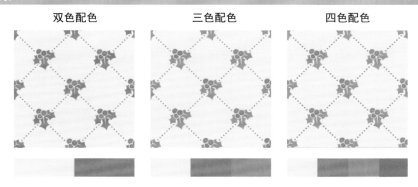

浪漫风格设计赏析

6.9 硬朗

在手机 UI 的设计中，坚硬风格主要可通过一些具有坚硬属性的物品体现，例如木头、石材、工业材质的元素，能使页面呈现出一种坚实、牢固的视觉感受。同时木石材质的元素给人一种大自然的感觉，工业材质则带给人极强的金属质感。

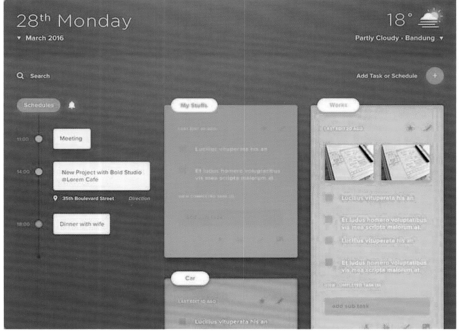

6.9.1 硬朗——游戏页面中坚硬感 UI 设计

在游戏页面采用木头与石材元素，既能给人一种坚硬、结实的感觉，又可使游戏页面呈现出原始自然的风格。

设计理念：本作品为洞穴逃生游戏的开始界面，根据名字就可知道游戏背景是在野外深山里面，所以游戏界面的风格设计以自然的场景为背景，其中图标和选项键基于石头的造型进行设计。

色彩点评：页面色彩搭配体现出大自然的色彩，符合游戏的背景设定。

❶ 作为一款原始风格的逃生类游戏，游戏内的画面既有一种原始风格的神秘感，又不失二次元的动感。

❷ 本游戏一共设置了多个关卡，需要玩家一步一步通关，达成解锁条件，才能继续通关。

- RGB=202,222,223 CMYK=25,8,13,0
- RGB=242,202,130 CMYK=8,26,54,0
- RGB=106,40,41 CMYK=55,90,82,36
- RGB=206,195,67 CMYK=28,21,82,0

本作品为游戏的公告界面，在游戏中有赏金任务。公告板的制作采用了木头的材质，上面钉着羊皮纸用来发布任务。符合公告牌都是立在屋外的惯例，木质给人一种坚硬的感觉。

- RGB=80,53,36 CMYK=64,75,87,44
- RGB=200,151,84 CMYK=28,46,72,0
- RGB=81,94,14 CMYK=73,56,100,20

本作品为游戏战斗界面，作为闯关类游戏，每一关的最后都会出现一个 BOSS，该关卡的 BOSS 设计以深色石块堆砌而成，身上有红色岩浆的裂纹，把怪物形象化，具有生动性。

- RGB=61,21,30 CMYK=68,91,77,58
- RGB=55,58,75 CMYK=83,78,59,29
- RGB=209,110,53 CMYK=22,68,84,0
- RGB=59,90,110 CMYK=83,64,49,7

6.9.2 硬朗——稳定沉稳的 UI 设计

此类页面风格大多数以黑、白、灰色为主基调,搭配少许较低明度的蓝色、红色、黄色、

绿色等,整体色调偏冷,给人沉稳、冰冷、坚硬的视觉感受。整体色调明度偏低营造出一种稳定的视觉效果。

设计理念: 本作品为理财应用的支付页面,用户可以选择银行卡来支付钱款。

色彩点评: 深色系的背景,给人一种理性、严谨的感觉。

① 页面采用对称的版式设计,上方为银行卡的卡片信息,给人一种真实感,通过滑动卡片,可以选择不同的银行卡。

② 下方为支付的钱款、明细、是否需要邮费,着重突出了钱款,以便用户确认。

- RGB=50,51,69 CMYK=85,81,60,34
- RGB=255,255,255 CMYK=0,0,0,0
- RGB=73,144,226 CMYK=71,38,0,0

本作品为任务、备忘录、日程安排、天气等各种功能的一个集合页面,具有多功能性,以方便用户的操作与使用,本页面以深色为背景,较为适合男士使用。

- RGB=76,92,93 CMYK=76,61,10,13
- RGB=255,255,255 CMYK=0,0,0,0
- RGB=239,90,83 CMYK=6,78,60,0
- RGB=252,220,51 CMYK=7,16,82,0

本作品为手机图标的设计,菱形拼接组成的图标,再配以同色系颜色深浅的变换,赋予画面一种金属质感,呈现出刚硬的感觉,同时橘色的图形使其变得更柔和,更具独特的个性。

- RGB=24,25,24 CMYK=85,80,81,67
- RGB=100,100,101 CMYK=68,60,46,7
- RGB=205,205,205 CMYK=23,18,16,0
- RGB=249,170,0 CMYK=4,42,92,0

硬朗风格的设计技巧——金属材质的保险箱妙用

保险箱在现实生活中是一种特殊的容器，可以保障财产、文件等重要物品的安全。随着手机越来越智能化。手机中的文件也是需要保护的，在图标的设计上借用保险箱的图形，使该应用在视觉上给人一种安全、私密的感觉。

金属质感的保险箱，极具现代工业感，小的云图标将这个保险箱与其他图标区分开来。

半打开的保险箱，表明了该应用的作用，具有安全保障的效果。

作为保障图片信息的图标，使用户的相册更加安全，保护了使用者的隐私秘密。

配色方案

双色配色	三色配色	四色配色

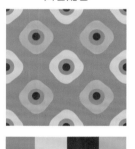

硬朗风格设计赏析

6.10 纯净

纯净画面给人以无添加、无杂质、干净简洁的视觉感受。相对于较为繁杂的画面，纯净风格能更加直观地体现出页面上的图标，使整个页面自然干净、纯洁明快，各个应用的图标简洁直观，使人一目了然明白该图标的作用，具有简单易识的效果。

特点。

◆ 在 UI 的页面设计上，注重元素之间的间距与整体页面布局。

◆ 背景多采用白色，给人一种纯洁、舒适的感受。

◆ 在 UI 图标的设计上，多以线条式图标为主，与应用中的页面保持一致。

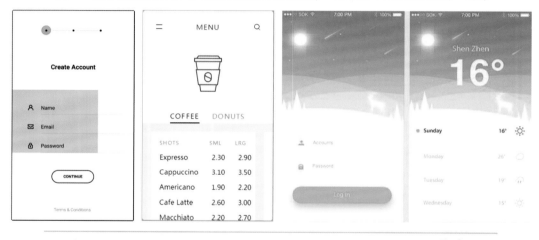

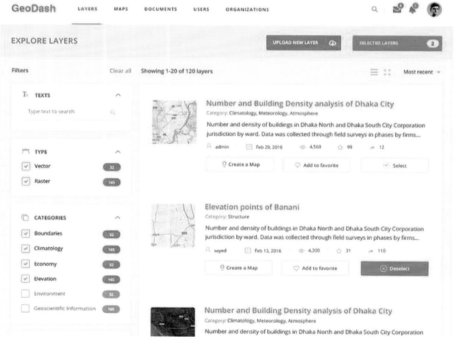

6.10.1 纯净——简约纯洁的 UI 界面设计

浅色的页面不仅会让人们产生纯洁无瑕的感觉，吸引人们的注意力，还能更加突出页面上的图片、文字信息，给人一种很醒目的感觉。

设计理念：作为网上商城的商品界面，采用重心型的设计版式，可以着重突出商品的图片。

色彩点评：浅灰色的背景对图片与文字作了很好的衬托，不会给人突兀的感觉。

① 作为网上商城的页面，重心型的版式设计，突出了商品，而商品的白色背景更加突出婚戒的高贵奢华。

② 采用浅灰色的背景，巧妙地将页面划分为商品名称、商品图片、文字介绍、购物数量。

RGB=255,255,255 CMYK=0,0,0,0
RGB=241,243,242 CMYK=7,4,5,0
RGB=126,140,141 CMYK=58,41,42,0

本作品是一个天气预报的页面 UI，整体的页面采用重心型的版式设计，凸显温度信息，营造出一种干净、简洁的页面效果。同时可以看到未来几天的天气情况。

■ RGB=33,33,33 CMYK=83,78,77,60
□ RGB=247,242,246 CMYK=4,6,2,0
□ RGB=233,233,233 CMYK=10,8,8,0

本作品是交通出行应用的页面设计，用户可以查询到达目的地的最佳路线，也可以知道公交车大约到达的时间。页面布局简单清爽，给人一种干净、清晰的感受。

□ RGB=255,255,255 CMYK=0,0,0,0
□ RGB=243,244,249 CMYK=6,4,1,0
■ RGB=64,83,178 CMYK=83,71,0,0

6.10.2　纯净——线条感十足的 UI 图标设计

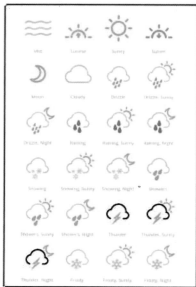

图标采用简洁明了的线条设计，通过纯色的背景突出了线条的美感，带给人们直观的视觉享受，通过简单的线条使页面也变得生动有趣。

色彩点评：根据人们通常的理解，对图形进行填色，可使图标生动易懂。

🔵 简单的线条就可以组成生动的图标，使人们一目了然明白今天的天气情况，根据提示进行衣着装扮和雨具的携带。

🔵 橘色的太阳，浅灰色的云朵，雨滴则通过颜色的深浅变换来区分大雨小雨等，颜色的填充使图标更为形象生动。

- RGB=244,173,29 CMYK=7,40,88,0
- RGB=75,135,187 CMYK=73,42,15,0
- RGB=204,204,204 CMYK=23,18,17,0
- RGB=207,233,250 CMYK=23,4,1,0

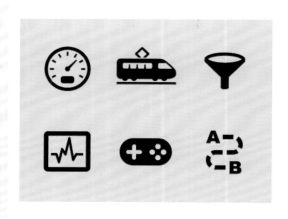

本作品是图标的设计，采用简单的线条显示图标的根本含义，使用户简洁明了明白该图标的含义，具有易识性。

- RGB=230,230,230 CMYK=12,9,9,0
- RGB=50,50,50 CMYK=79,74,72,46

本作品为图标的页面设计，整体借鉴了黑板、粉笔的创意。随性的线条勾勒出一个个随意的图标，使整个界面极具动感与线条美。

- RGB=79,93,6,8 CMYK=73,57,78,19
- RGB=247,242,246 CMYK=4,6,2,0
- RGB=132,140,119 CMYK=56,42,55,0

纯净风格的设计技巧——页面版式的设计方法

纯净的风格设计从页面的颜色与版式上来说，可获得一种清爽干净的视觉效果，页面颜色多采用浅色作底，给人一种明亮清晰的视觉感受。

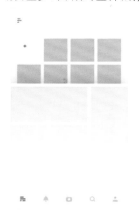

本作品采用了纯净风格的设计技巧，整体色调是由灰色到白色的渐变色过渡，纯净而不失大气，使人油然生出一种看惯繁华后返璞归真的微妙境界感。

本作品作为家庭监控应用，采用了分割型的版式设计，使每个功能都井然有序。蓝色的图标既能给人一种清爽的感觉，又可吸引用户的注意力。

本作品美化了品牌界面的设计，这款应用可以帮助用户找到并预订美容美发沙龙和水疗服务。同时界面方便用户查看，具有清晰的页面版式。

配色方案

双色配色

三色配色

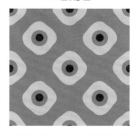

四色配色

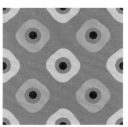

纯净风格设计赏析

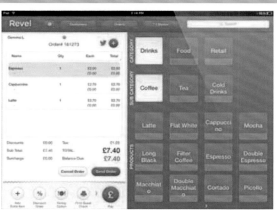

6.11 复古

APP UI 设计中的复古风格是相对于现在的科学技术而言的，较为传统古老却别具韵味，具有沧桑的历史年代感与厚重感，也体现了科技发展的道路与历史进程。设计者怀揣着一颗怀旧的心，采用复古元素来设计 UI 页面与图标，反而引领了一波另类的时尚与潮流。通过富有创意的设计展现出具有时代性的个性化风格。

特点。

◆ 兴起旧时代的元素，引领新风尚。

◆ 把元素、言语经过想象还原成旧的事物。

◆ 激起人们怀旧的情感，增加历史年代感。

6.11.1 复古——像素游戏的 UI 界面设计

随着手机屏幕的分辨率越来越高，画质越来越清晰，像素游戏也应运而生。它是基于现在的科技水平，依旧采用像素风格处理图形的一种方式，这种方式强调图形的清晰轮廓、色彩明快、卡通造型，使用颗粒像素组成独特的游戏画风。具有独特的复古、怀旧风格。

设计理念：使用像素风格处理图像，造型简单可爱，界面大方简洁。

色彩点评：咖啡色与奶白色相搭配，带给人一种怀旧、复古的感受。

❶ 除了暂停键本款游戏只有简单的五个功能键，分别为防御，攻击，前行，左行以及右行。

❷ 整体属于简约风格，却又有清楚的金钱数量、血量显示，真正做到简约而不简单。

- ■ RGB=80,50,58 CMYK=68,81,67,37
- □ RGB=252,249,232 CMYK=2,3,12,0
- ■ RGB=74,60,77 CMYK=76,79,58,26

本作品是游戏界面的地图界面。彩色的地图界面，道路、房屋设计简单易懂，给人一种卡通的即视感。采用像素来制作游戏，抛弃了游戏炫丽的界面，更注重游戏的趣味性。

- ■ RGB=182,192,33 CMYK=38,17,93,0
- ■ RGB=105,102,215 CMYK=71,63,0,0
- ■ RGB=255,187,54 CMYK=2,35,81,0
- ■ RGB=232,126,140 CMYK=11,63,31,0
- ■ RGB=118,167,164 CMYK=59,24,37,0

本作品是射击游戏"像素枪"的启动界面。通过像素块的堆砌，颜色上的互相搭配，组成游戏中的人物、枪支、场景等，让人体验到另一种独特的枪战游戏。

- ■ RGB=0,0,4 CMYK=94,90,86,78
- ■ RGB=113,83,83 CMYK=61,70,62,14
- ■ RGB=255,16,15 CMYK=0,95,91,0
- ■ RGB=254,187,0 CMYK=3,34,90,0
- ■ RGB=231,217,206 CMYK=12,17,18,0

6.11.2 复古——使用传统物品进行 UI 图标设计

老式物品会让人产生怀旧感，它们是历史变迁的写照，也包含着人们特别的记忆，给人一种复古、怀旧的感觉。

设计理念：使用老式胶片相机的造型，制作出相机的图标。

色彩点评：各种暖色调的颜色相搭配，给人一种温暖的感觉。

🌰 图标上的相机带着取景器、倒片摇把、镜头等老式相机的特点，形象地展现了传统的相机特点。

🌰 浅黄色拼接红色的机身、橘色的镜头，在颜色上给人一种温暖的感觉，使人感觉到暖暖的复古韵味。

- RGB=220,18,4 CMYK=17,98,100,0
- RGB=240,157,1 CMYK=8,48,94,0
- RGB=217,173,108 CMYK=20,37,61,0
- RGB=82,59,28 CMYK=64,72,98,42

本作品是一个音乐播放器的图标设计。图标的设计以老式的针式留声机为基础。留声机、黑胶唱片可以把人们带回 20 世纪初期，给人一种怀旧、复古的情感。

- RGB=209,147,108 CMYK=23,50,58,0
- RGB=50,40,39 CMYK=76,78,76,54
- RGB=191,178,162 CMYK=30,30,35,0
- RGB=113,8,2 CMYK=52,100,100,36

本作品是一个视频播放器的图标设计。图标的造型使用老式电视机，电视的屏幕图像为测色条，过去电视节目播完了，就会出现测色条。此图标适合怀旧复古的人来追忆过去。

- RGB=216,213,134 CMYK=22,14,56,0
- RGB=54,187,196 CMYK=69,7,30,0
- RGB=183,153,177 CMYK=34,44,18,0
- RGB=219,115,106 CMYK=17,67,51,0
- RGB=85,87,76 CMYK=71,62,69,19

复古风格的设计技巧——复古元素在界面中的妙用

随着科技的发展，电子产品更新换代的速度越来越快，这个时候老物件就成为一个时代的代表。例如图像的像素、老式的选装拨号机等，这些都是时代的产物，具有它们自身的特点。

手机界面的图标都由像素组成，通过一个个像素块组成形象生动的图标，界面带给人们一种复古的感觉。

本作品采用旋转拨号器作为拨号界面。拨打电话必须通过旋转数字键盘，给人一种强烈的复古感。

本作品作为手机主页面，在颜色上采用黑白灰，页面图片的选择上也以老物件为主，使人产生复古的情怀。

配色方案

双色配色

三色配色

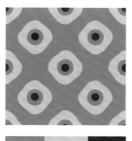

四色配色

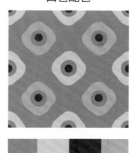

复古风格设计赏析

6.12 扁平化与拟物化

在本章的风格介绍最后一节中，介绍一下在 UI 界面设计中引起广泛讨论的两种设计理念：扁平化与拟物化。

扁平化风格现在已经成为较为流行的趋势，属于极简的设计方式，去除掉多余的纹理、边框、阴影、3D 效果等元素，还原出最简单的图形图标，呈现一种清爽干净的界面。其最大特点是降低了耗电量，减少了人们的认知障碍，可以适应不同屏幕的移动端等。

拟物化风格则是以现实生活中的物品为样板，模拟其造型和质感，通过形状、高光、阴影、3D 等效果进行图标的设计，给人生动直观的视觉感受。其特点是具有生动性与易辨识性，可以传达丰富的情感，具有良好的交互体验等。

6.12.1 扁平化风格

扁平化风格简化了图标中复杂多余的东西，避开了纹理与光影的繁杂，使图标更加简单，但同时过于简单化的图标可能会造成用户认知上的混淆。

设计理念：采用扁平化的设计理念，给人一种简洁的感受。

色彩点评：以纯色作为背景，可以更加突出图标，吸引用户的注意力。

① 圆角矩形的图标设计给人一种圆滑的感觉。

② 图标上的图形更加直观、简洁，例如人们通过音符就可以知道是音乐播放器，不需要其他的图片烘托。

☐ RGB=255,255,255 CMYK=0,0,0,0
■ RGB=67,96,126 CMYK=81,63,41,1

本作品为 ios8 的图标集合，苹果手机的图标，粉色背景使图标更加清晰，可以吸引用户的注意力，同时在图标的设计中，添加了阴影的衬托，使图标更立体饱满。

■ RGB=247,155,158 CMYK=3,52,27,0
■ RGB=200,173,204 CMYK=26,36,7,0

本作品为苹果手机的桌面布局，整体整洁干爽，图标给人一种简洁明了的视觉感受，手机背景给人一种梦幻的感觉，增强了页面的空间感。

■ RGB=131,147,206 CMYK=55,41,2,0
☐ RGB=255,255,255 CMYK=0,0,0,0
■ RGB=2,227,46 CMYK=66,0,96,0

6.12.2 拟物化风格

拟物化的风格更加偏向于现实感,使用户使用时可以与真实世界中事物产生共鸣,具有极好的交互体验。

设计理念:作为电子书阅读器,呈现在人们眼前的是一个书架形态的界面,上面摆放着书籍。

色彩点评:木质材质的书架,给人一种古色古香的书香气息。

🔵 电子阅读器模仿现实世界中的书架造型,给人一种真实感,使用户产生一种极强的代入感。

🔵 每行书架固定摆放 5 本书,整个排列错落有致,便于统计书籍数目。

■ RGB=166,125,73 CMYK=43,55,78,1
■ RGB=204,159,100 CMYK=26,42,64,0

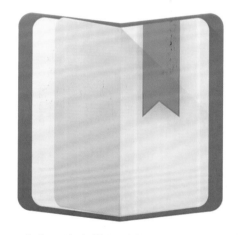

本作品为书籍阅读的图标,采用了翻开的书籍作为原型,翻动的书籍给人一种真实感,更贴近真实生活。

本作品为计算器功能的手机应用,以现实生活中的计算器作为模型,复制了其布局模式。使人可以很方便地使用,不需要额外学习。通过不同的颜色进行功能区域的划分。

■ RGB=41,133,211 CMYK=78,42,0,0
■ RGB=228,221,203 CMYK=13,13,22,0
■ RGB=12,173,194 CMYK=74,14,27,0

■ RGB=218,227,235 CMYK=18,9,6,0
■ RGB=211,207,203 CMYK=21,18,18,0
■ RGB=154,151,148 CMYK=46,39,38,0
■ RGB=237,163,88 CMYK=10,45,68,0

两种风格的设计技巧

两种风格各有各的好处，不能随意评论其好坏，无论哪一个风格的设计，都有其存在的必要性，不要喜欢一个就否定另一个的存在。

Windows phone 的手机界面设计就属于扁平化的风格，极为简单的设计，通过方形将手机界面进行合理化的区分，在各个区域中以文字为主，图片为辅，给人简洁明了的页面。

本作品的图标通过参考显示生活中的元素进行设计，通过附加的图片效果，呈现出更加生动立体的图标。同时图标的设计倾向于航海时代中的古老物件，给人一种复古怀旧感。

配色方案

双色配色

三色配色

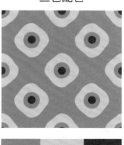

四色配色

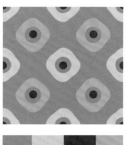

风格设计赏析

6.13 设计实战：手机游戏启动界面设计

6.13.1 设计思路

应用类型：游戏类应用。

面向对象：青少年及游戏爱好者。

项目诉求：这款游戏属于面向青少年的益智类休闲手游，玩家以回合制的方式在特定场景中寻宝。游戏节奏轻松活泼，画面偏向于暗调的复古风格。

设计定位：根据益智和受众群体是青少年这一特征，启动界面风格确立为偏于卡通的扁平化风格。界面中包含卡通元素，但整体画面又不完全是卡通形象。整个界面以墙壁的图片为背景，增加了视觉的冲击力。图标和菜单栏采用扁平化风格模块式，字体采用偏可爱的 POP 风格。

6.13.2 配色方案

在以寻宝为主题的游戏中，低明度的色彩往往更能激发人的探知欲。但完全黑色显得过于沉闷，所以本案例采用了一张黑灰相间的背景图，不仅营造出一种复古之感，在视觉上也有一定的空间感。

主色：界面中大面积区域为灰色的背景，带有颜色的区域主要集中在按钮以及卡通形象上。本案例的主色选择了一种偏灰的红色，这个颜色来源于版面底部的卡通形象。在按钮上使用这种颜色能够相互呼应，而且这种颜色在灰调的背景上并不会显得过于突兀。

辅助色：辅助色选择了一种灰度接近的土黄色，作为另一个按钮的颜色，红色与黄色本身就是邻近色，搭配在一起同样很和谐。

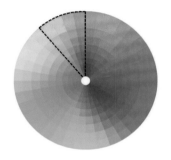

点缀色：点缀色的运用主要是为了增添版面的灵动性，同样选择了一种偏灰调的颜色，黄色与绿色同样是邻近色，所以在版面中点缀小面积灰调的黄绿也是比较合适的。

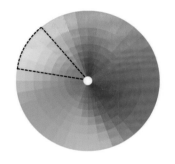

其他配色方案：这款手游界面的复古感主要通过背景来体现，之前选择的是一款偏冷调的背景，如果想要产生一种暖调的色感，使用旧纸张或者旧木板也是不错的选择。

6.13.3 版面构图

移动客户端限于手机显示器的限制，所以通常不会在一个屏幕范围显示过多的内容。本案例的界面顶部为游戏名称标志，中部是启动界面中最主要的图标按钮，居中依次竖直排列。界面的左下方纵向排列三个较小的辅助功能按钮，由于这三个按钮并不是很常用，所以摆放在相对来说不太容易被触碰到的位置。这种版式是比较常见的符合用户使用习惯的启动界面，简洁明了。

本案例的版面比较接近于对称式构图，为了使界面更加规整，也可以将左下角的按钮排列在界面底部。还可以将版面布局调整为左右型，将工具栏和小图标按钮左右排列。

6.13.4 凉爽

凉 爽	分 析
	<ul><li>本案例为凉爽风格的设计，其颜色为浅蓝色，同柠檬图片背景，给人一种凉爽的感受。</li><li>蓝色、青色等是具有"凉爽"视觉效果的颜色。可以使用户得到一定的放松，感受到舒适感。</li></ul>

6.13.5　硬朗

硬　朗	分　析
	● 本案例为硬朗风格的设计，木质具有坚硬的属性，在背景中采用木质纹理，给人一种坚硬、结实的感觉。 ● 游戏界面中的按钮颜色，第一个按钮与游戏名称标题为相同颜色，中间两个按钮与下方的兔子颜色为相同颜色，使整个界面风格非常和谐。

6.13.6　清新

清　新	分　析
	● 本案例为清新风格的设计，绿色、碎花是清新风格中的主要特点，在界面中采用这些元素，整个界面营造出一种小清新的视觉效果。 ● 在颜色的选择上以明亮色为主，营造出一种清新靓丽的视觉效果。

第 **7** 章

APP UI 设计秘籍

　　随着科学技术的飞速发展，电子产品不断更新换代，现已出现了全屏幕手机。所以 UI 设计上也要进行新的创新，出现新的风格。在进行 UI 设计时，要考虑到版式布局、颜色、字体、物理尺寸与实际尺寸、交互方式等。本章中将着重展现设计 UI 界面时的一些小技巧。

7.1 UI 设计中的版式布局

随着信息科技的发展，移动设备的更新换代，从按键到全屏幕的设备，手机界面也从单一化向多元多样化转变。在考虑用户操作和使用的前提下，版面的构成则成了传递信息的关键所在。设计完美的版面，可以表达出完整的信息，同时可以体现手机界面的美观性。

本作品为家庭房屋监控应用，该页面采用了骨骼型的版式设计。

● 骨骼型的版式设计使界面看起来更有秩序感，更加简洁。
● 骨骼型的版式设计给人严谨、和谐、理性美。使该应用具有一定的安全性与可靠性。

本作品为 windows phone 的设计界面，为证券交易应用。

● 页面布局采用骨骼型布局方式，给人一种整齐、对称的感觉，对于理财类应用具有一种严谨的态度。
● 块区域的底色都是青色，在黑色背景的衬托下，使界面布局划分更加明确清晰。

本作品为移动端的矿泉水网站宣传页面。

● 本作品采用重心型的版式设计，把矿泉水瓶的图片摆在界面的正中间，形成一种较强的视觉冲击力，可以更加吸引用户的注意力。
● 绿色的背景给空间添加了活泼的色彩，给人眼前一亮的感觉。

7.2 通过实例来了解 UI 界面

我们通过一个实例来了解一下 UI 界面的版式布局，可以更好地了解 UI 界面的设计，通过简单的分析可以更进一步理解什么是 UI 界面，以方便我们今后的设计。

本图片为移动 UI 购物车界面。

- 作为一个购物应用的购物车界面，通过该界面可以很直观地看到用户购买的物品。页面布局有取消和编辑按钮，还有商品名称和价钱、总价、结账按钮。
- 总价区域的背景为浅灰色，起到区分页面的作用，结账的按钮为蓝色圆角矩形，符合人们日常的习惯，也可吸引用户的注意力，具有提示的作用。

本图片为移动用户界面编辑购物车。

- 用户加入到购物车中的商品，可以根据需求进行变更或删除，整个界面分为 4 个部分：保存按钮、商品名称、商品数量、总价。
- 商品名称前有个红 × 的图标，表示可以删除该件商品。红色具有提示、警告的作用。

本图片为移动 UI 订单状态。

- 在用户已经购买完成该件商品的情况下，所形成的订单页面，上面有 3 个部分：商品图文、商品价钱、订单详细信息。
- 通过颜色来区分页面的不同区域，所印订单详细内容的区域背景为浅灰色，使用户可以很好地区分。

7.3 颜色的合理搭配

颜色可以给人以直观的视觉感受，是人类认知事物的媒介之一。人们在提到一个事物的时候，会先记起其颜色，然后才是物品的形态。色彩也具有一定的情感色彩，可以表达人们的喜怒哀乐。在设计时根据相应的文化背景及人们的心理反应，应进行合理的颜色搭配。

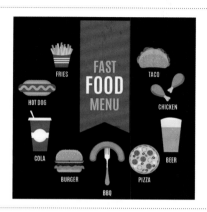

本作品为快餐外卖应用的欢迎页。

● 图片背景为咖啡色，有助于突出快餐食物的图标，同时中间位置有一个深咖色的圆形，好像一个人张大的嘴巴，要把这些美味的食物全都吃进去，可以激发人们的食欲。

本作品为理财应用。

● 整个应用采用深色作为背景，而区域标题栏的背景为明亮色，把页面进行均匀的划分，使用户可以清楚地看到各种数据的统计图。
● 右图中的统计图采用了渐变的颜色，使数据增加了层次感，给人更为直观的视觉感受。

本案例为时间表应用的界面。

● 时间表是用户在该段时间的计划任务备忘录，可以帮助用户管理自己的时间与行程。该应用较为适合商务人员使用。
● 每个任务都有不同颜色背景，通过该颜色所占的面积可以将抽象的时间形象化。

7.4 图标的物理尺寸与实际尺寸

俗话说"耳听为虚，眼见为实"，眼睛可以直接反映事物的形状，也可能会被表面现象所欺骗从而产生视觉误差。眼睛通过视网膜把光线转化成信号传递到大脑，所以会有各种因素导致我们看的事物既有真实的，也可能产生偏差，特别是在做图标设计时尤其要注意这一点。

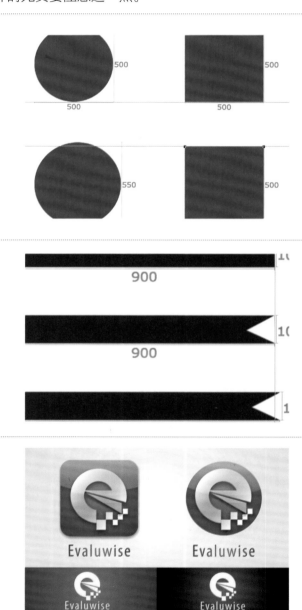

通过简单的两个图形直观地使人们了解物理尺寸与实际尺寸的差别。

- 上方为长、宽相等的圆形和方形，但是给人的视觉效果是圆形比方形小一点。
- 通过把上方的圆形直径扩大50px，圆形与方形给人的视觉感受就变为一样大了。
- 通过辅助线与标记，可以形成更加直观的对比。

本图片主要直观地表达了视觉对齐的含义。

- 前两个长条的长度为同等长度，但是给人的感觉第二条会短一些，通过将长度适当加长，就可以实现视觉上的对齐。
- 通常在制作飘带彩带的时候，在边缘处应适当加长。

本作品为图标的两种设计方案。

- 本作品体现了图标的两种设计形式，分别采用方形和圆形来设计图标。
- 就图标的地面背景色也进行了替换，提供了两种方案。

7.5 常用的集中设计尺寸

　　根据手机屏幕的大小不同及手机系统的不同，APP UI 的界面制作的尺寸单位也是不相同的。随着时代的发展，屏幕越来越大，分辨率也越来越高，同一个品牌的手机因为生产的时间不同在界面设计上也不大相同。同时为了方便开发人员的运用，在设计师按照尺寸设计完之后还要进行切图处理，使界面在各种不同的手机上呈现出最佳的状态。

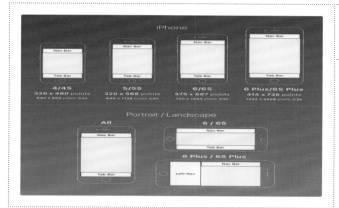

本图片介绍了苹果手机导航栏与标签栏的尺寸。

● 苹果手机根据其生产的不同机型，屏幕的设置与分辨率也不尽相同。
● 设计师会根据屏幕的大小进行相应的调整，以便符合用户的视觉观感。

本作品为同一个应用在不同屏幕中的显示。

● 音乐播放器的设计因每个设备都有不同大小的屏幕，其元素位置大致保持一致，但是根据屏幕的大小，进行一定比例的放大与伸缩。让人在使用时感到舒适。

本作品为各代苹果手机的屏幕大小比较图。

● 同一应用在不同屏幕上的显示。通过将屏幕的尺寸进行标示，给人准确的数据信息。
● iphone5 之前的应用设计，在标题栏与工具栏设计上，还采用不同的背景颜色。而iPhone6 之后手机界面变得更加简洁，使整个页面更加清爽。

7.6 MBE 风格的设计

MBE 风格是近年来深受人们喜欢的一种风格，在设计时使用粗线条描边，扁平的效果中带着立体的效果，根据颜色的搭配、线条的粗细等，确定断点的情况，使图标变得更轻快。简单图形会选择溢出用来填补空白，而复杂的图形则不宜采用。设计出的界面、图标整体呈现出活泼、可爱、小清新的效果。

本案例是一个 MBE 风格的图标，给人一种清新可爱的感觉。

● 边框采用黑色粗线条的设计，通过断点为图形增加了生动性。
● 简单化的图形采用了溢出的设计方式，使图标更加有质感，强化了图标的风格。

本作品是为一个比萨店的外卖应用。

● 作为一个比萨的外卖应用。人们可以选择比萨的大小、配料和用户个人的额外添加。
● 页面中的图形为 MBE 风格，给人一种可爱的视觉感受，例如选择比萨的尺寸时，图片也会进行变化。

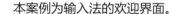

本案例为输入法的欢迎界面。

● 天蓝色的背景，衬托着手机键盘的图形，雪人国王从键盘的后面伸出脑袋，给人一种可爱、俏皮的感觉。

7.7 开放式路径图标的妙用

开放式路径的图标给人一种干净、简洁的视觉感受，使页面更加整齐，整个页面呈现出极简的风格。

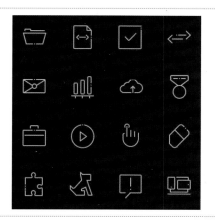

本图片为图标的设计。

- 每一个图标作为设计都有自己的开口，不是作为全封闭的图形，使图标具有一丝灵动性。
- 有的图标在接口的位置中间画了一个小点，使图标更具有独特的风格，可以给人眼前一亮的感觉。

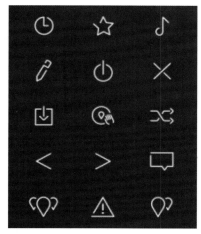

本图片为图标的设计。

- 采用开放式路径图标，给人一种简约、清新的感觉，通过简单的线条勾勒出一个个生动形象的图标。
- 相较于复杂的图标设计，给人眼前一亮的清爽感。

本图片为图标的设计。

- 阳光通过落地窗照射进来，使空间宽敞明亮，给人带来一种愉悦的心情。
- 通过壁炉的划分，使整个空间具有 4 个功能，各个空间相互链接。
- 统一的地板连接了空间，但白色的简单地毯又划分出格局，既不凌乱又显得宽敞美观。

7.8 列表的设计方式

　　表单作为较为常见的页面组件之一，应用在用户注册、用户登录、问卷调查、网购地址等领域。表单的设计在于设计者与用户进行沟通,因此需要符合一定的逻辑方式,站在用户的角度上考虑问题，删除不必要的选项，提高用户的填表效率。

本案例为手机应用的账户注册页面。

- 列表在设计上符合逻辑，注册用户姓名，账户可以使用邮箱和电话注册，输入密码，选择性别，完成新建账号。
- 对于账户的创建再确认一遍，防止用户输入错误。

本案例为用户反馈页面的设置。

- 本作品为用户反馈页面设置，对于该应用的体验效果，用户可以根据等级的划分进行选择，也可以提出一定的意见。
- 页面简洁明朗，上方为选择的内容，下方为文本框，使用户一目了然。

本作品为任务计划应用的界面。

- 用户可以根据自己的需要进行相应任务的建立。将所有的任务排成一个列表，方便用户翻看。
- 相似的任务以同一个颜色作为分类，整个任务条呈现为灰色。

7.9 字体的使用

每一个字体都有自己的风格，给人的视觉感受也不尽相同。鉴于手机屏幕的大小，在字体大小的使用上会受到一定的限制，同时根据所应用的环境不同，字体的设计也会具有其独特的特点。

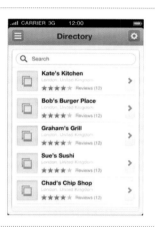

本作品为菜谱的目录页面。

- 作为一个食谱类应用，在设计上仿照了书籍的模式，所以在文字的使用上采用较为正式的文字，这在直观上给人干净明朗的视觉感受。
- 通过加粗及颜色上的变化，进行文字的区分，把标题文字加粗，吸引用户的注意力。

本作品为手机设置页面的字体设置。

- 手机是人们日常生活中的必需品。老年人的眼神已经不像年轻人那样明亮，所以需要调整字体的大小。分为四种字号，小、正常、大、超大。

本作品为游戏欢迎界面。

- 作为一个融合了街机游戏、射击游戏和跑步者游戏的风格，创造出了最疯狂的动作和无尽的冒险游戏。给人一种全新的游戏方式。
- 游戏名称的文字设计产生了立体的视觉效果，金属质感的文字，也符合游戏所体现出来的风格。

7.10 页面空间的节省

在移动页面的设计中，要想在屏幕上展现出许多东西，需要根据客户的需求分清主次，注重用户的使用性。可以通过整合、分割、聚类、规整、替换等方法进行设计，节省页面空间。

本作品采用聚类的方法设计页面，将相似的东西放在一起节省空间。

- 将具有相似属性的图标放在一个方框中，方便用户查找与使用。
- 同时也增加了页面的可利用空间。

本案例中采用了借位的设计手法。

- 在应用的页面上方出现该页面，进行了设备上的分类，下方的"×"可以进行页面的关闭。
- 借位的设计，通过借用上、下、左、右的屏幕位置，从而增大页面空间。

本作品为文件存储的页面。

- 采用九宫格的设计，使界面整洁干净，页面空间充分得到利用。
- 文件的图标形象生动，呈现出一个个文件夹，给人很好的直观效果。

7.11 贴近场景的显示切换

根据不同的场景可以进行一定的切换，例如你使用手机时，手机因电量不足而需转入省电模式，自动降低屏幕亮度，关闭一些耗电功能。体现出这种设置随机应变，贴近场景的特点。

本作品为天气预报的应用，界面根据时间的推移，对背景进行了改变。

- 白天的界面版式上采用了黄金分割，白色占了主要部分，凸显天气的温度，在上方部分以一个简单的天气图标结合虚线轨道，给人一种页面充满动态的感觉。
- 夜晚的页面，设计更加简洁轻快，相较于白天注重温度，夜晚则注重给出了日出时间，提示人们光明还有多长时间到来。

本作品为天气预报的应用界面，分为夜间模式和日间模式。

- 界面简洁干净，可以凸显出温度的信息，同时下方的弧形圆盘也是温度的显示，给人以更加直观的视觉效果。
- 夜间模式有助于保护用户的眼睛，不会过于明亮，刺伤用户的眼睛。

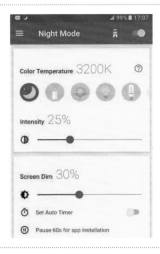

本作品为健康类保护眼睛的应用，调整屏幕的自然光可以减少蓝光对眼睛的伤害。

- 将屏幕显示转换为夜间模式可以减轻你的眼睛疲劳，并且在夜间阅读时你的眼睛会感到轻松。
- 方便的按钮和自动计时器将帮助你在一秒钟内打开并关闭该应用。

197

7.12 欢迎页面的设计

欢迎页面的设计，应使用户对于该应用有一个简单的了解，增强用户的体验性。这样可以提高用户对该程序立即投入使用的感知度。同时也可以美化程序载入、等待程序响应，不会使用户因等待而离开。

本作品为游戏载入界面。给人一种活泼轻松的感受。

- 采用对称型的版式布局，中间以载入的进度条作为分割，上下两部分分别为游戏名称和游戏人物。
- 玫红色的背景给人眼前一亮的视觉感受，突出了页面中的欢迎图形。

作为新装的应用，会在使用前给用户进行一个简单的介绍。

- 本作品为户外应用，通过图片中帐篷的设计，表明了本应用的应用特征，同时用户可以制订出行计划。

本案例为邮箱应用的启动页面。

- 以白色作为背景，突出了页面图标与文字，给人干净、整洁的视觉效果。
- 整个应用具有一定的办公性与严谨性。同时需要用户进行登录，保障了用户的隐私性。

7.13 交互方式的设计

随着通信技术的发展带动了无线通信科技的崛起，智能手机和平板电脑已经成为人们日常生活中的必备品。但是手机与平板电脑还是具有一定的差距，这种差距使设计师在 UI 设计方面要进行分别设计，以便一个应用可以有多种版本，方便用户进行选择。同时对于不同的手机系统，也需要不同的界面设计。需要根据场景的差异、交互方式的差异、屏幕大小的差异等方面进行相应的设计与改动。

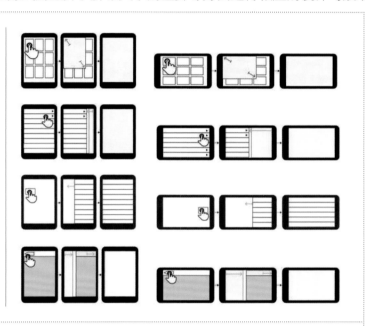

本图片中为手机分别在竖屏模式下与横屏模式下的页面设计。

- 移动端设备可以进行屏幕旋转，在屏幕旋转以后，页面也会进行一定的变换，在设计的时候要考虑到屏幕选装以后的页面尺寸。

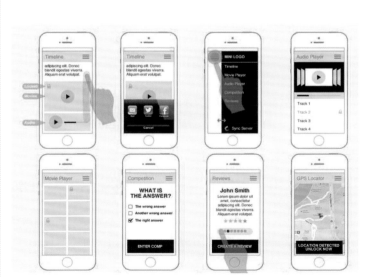

通过手势讲解使用户对应用的使用有一个充分的了解。

- 移动端的交互方式主要通过手指在屏幕上的点击、滑动、旋转等方式进行操作，还可以通过语音、硬件设备等来实现交互。
- 该图片通过半透明的手势图形，进行相应交互功能的介绍，使人们可以更加轻松地使用该应用。

7.14 视觉风格的设计

图形作为一种通用文字，它具有广泛的应用性，随着人们的追求变得多元化，更加依赖图片和视频获取信息，借助它们可以表达感情、分享个人喜乐、定义人们的审美。逐渐演化而成的风格，有的正在流行，有的已经变为经典。例如扁平化、拟物化、极简主义、模糊背景、像素风格等。

扁平化风格的界面设计。

● 减弱了渐变、阴影、纹理等拟物化的视觉效果，利用极简的元素、纯色的色彩搭配等，提高了用户的理解性，使整个界面非常简洁、清晰。

拟物化的视觉风格。

● 仿照生活中的物品造型，拟物化风格具有简单易懂性，人们根据生活中的常识就可以进行辨识。
● 拟物化的物品是具有人性化的设计，例如在阅读软件中，可以使人们感受到翻书的效果。

模糊背景的风格。

● 作为城市的介绍，背景为纽约城市中的一部分，采用模糊风格，既体现出城市的繁华，也可以突出应用上的功能。
● 模糊背景越来越受到人们的青睐，这种风格来源于摄影，当焦点确定在一个物体时，其他的景象会变得模糊。这种风格可以营造氛围，突出重点内容。